SAMMLUNG GÖSCHEN BAND 579

Technische Tabellen und Formeln

Von Prof. Dr.-Ing. W. Müller

Mit 105 Figuren

Vierte, verbesserte und erweiterte Auflage

bearbeitet von

Dr.-Ing. Erich Schulze
Oberingenieur a. d. Techn. Universität Berlin

Walter de Gruyter & Co.
vormals G. J. Göschen'sche Verlagshandlung . J. Guttentag, Verlagsbuchhandlung · Georg Reimer . Karl J. Trübner · Veit & Comp.
Berlin 1951

Archiv-Nr. 11 05 79
Druck von Walter de Gruyter & Co., Berlin W 35
Printed in Germany

Inhaltsverzeichnis.

I. Kapitel.

Wärme.

II. Kapitel.

Festigkeit.

III. Kapitel.
Maschinenelemente.

IV. Kapitel.
Elektrotechnik.

Anhang.

Literatur.

W. Müller, Materialprüfung und Baustoffkunde für den Maschinenbau (Verlag R. Oldenbourg, München).
Hütte, Des Ingenieurs Taschenbuch.
Hütte, Taschenbuch für Eisenhüttenleute.
Hütte, Taschenbuch der Stoffkunde.
Deutsche Industrie-Normen.
Foehrster, Taschenbuch für Bauingenieure.
v. Rziha und Sidener, Starkstromtechnik, Taschenbuch für Elektrotechniker.
Uhland, Kalender für Maschineningenieure.
Schultz, Mathematische und Technische Tabellen.
Uppenborn, Deutscher Kalender für Elektrotechniker.
Kohlrausch, Lehrbuch der praktischen Physik.
Freytag, Hilfsbuch für den Maschinenbau.
Dubbel, Taschenbuch für den Maschinenbau.

I. Kapitel.

Wärme.

§ 1. Allgemeines der mechanischen Wärmetheorie.

Als wichtigstes Gesetz für vollkommene Gase gilt die Zustandsgleichung, welche zugleich das Gay-Lussac-Boylesche, sowie das Mariottesche Gesetz in sich vereinigt.

Es sei

P der absolute Druck des Gases in kg/m²,

V der Rauminhalt in m³,

G das Gewicht in kg,

$v = \frac{V}{G}$ der Rauminhalt (spez. Volumen) in m³/kg,

t Temperatur in °C,

$T = 273 + t$ die absolute Temperatur (°Kalvin),

R die Gaskonstante,

dann besteht die Gleichung

$$P \cdot v = R \cdot T$$

oder

$$P \cdot V = G \cdot R \cdot T.$$

Nach dem Avogadroschen Gesetz, wonach gleiche Räume bei gleichem Druck und gleicher Temperatur für alle Gase dieselbe Anzahl Moleküle enthalten, folgt, daß R umgekehrt proportional ist dem Molekulargewicht m bzw. dem spez. Gewicht γ des Gases

$$R = \frac{848}{m},$$

während das spez. Gewicht $\gamma = \frac{m}{22,4}$ ist.

Gas	Chem. Zeichen	Atom-zahl	Moleku ar-gewicht m	Spez. Gewicht kg/Nm^3*)	Dichte bez. auf Luft	Gas-kon-stante R	Spez. Wärme für 1 kg c_p	Spez. Wärme für 1 kg c_v	$x = \frac{c_p}{c_v}$
Luft	—	—	28,96	1,293	1,000	29,27	0,239	0,171	1,40
Sauerstoff	O_2	2	32,00	1,429	1,1053	26,5	0,219	0,157	1,40
Stickstoff.	N_2	2	28,02	1,25	0,9721	30,26	0,2482	0,177	1,40
Wasserstoff.	H_2	2	2,016	0,0899	0,0695	420,6	3,4	2,415	1,41
Stickoxyd	NO	2	30,01	1,34	1,0367	28,25	0,238	0,172	1,40
Kohlenoxyd	CO	2	28,01	1,25	0,9669	30,29	0,248	0,177	1,40
Kohlensäure	CO_2	3	44,01	1,977	1,529	19,27	0,1957	0,1505	1,30
Stickoxydul	N_2O	3	44,02	1,978	1,530	19,26	0,213	0,168	1,27
Schweflige Säure . .	SO_2	3	64,06	2,926	2,263	13,24	0,1453	0,1143	1,27
Ammoniak	NH_3	4	17,03	0,7714	0,5967	49,79	0,491	0,374	1,31
Azetylen	C_2H_2	4	26,04	1,171	0,9057	32,59	0,361	0,2904	1,26
Methan	CH_4	5	16,04	0,717	0,5545	52,9	0,576	0,391	1,32
Äthylen	C_2H_4	6	28,05	1,26	0,975	30,25	0,385	0,308	1,25

*) 1 Nm^3 = 1 m^3 bei 0° 760 mm Q. S.

Bei Gasen ist zwischen der spez. Wärme bei konstantem Druck c_p und derjenigen bei konstantem Volumen c_v zu unterscheiden; hierbei ist stets

$$c_p - c_v = A R \approx \frac{2}{m},$$

wobei $A = \frac{1}{427}$ das mechanische Wärmeäquivalent ist.

Für zweiatomige Gase berechnet sich

$$\frac{c_p}{c_v} = \varkappa = 1{,}4,$$

$$c_v = \frac{5}{m},$$

$$c_p = \frac{7}{m}.$$

Während sich die Größen c_p und c_v auf 1 kg des Gases beziehen, geschieht die Umrechnung der spez. Wärmen auf 1 Nm^3 (Norm-Kubikmeter = 1 m^3 bei 0^0 C und 760 mm Q. S.) nach den folgenden Gleichungen:

$$C_p = \gamma \cdot c_p = \frac{m}{22{,}4} \cdot c_p,$$

$$C_v = \gamma \cdot c_v = \frac{m}{22{,}4} \cdot c_v,$$

$$C_p - C_v = 0{,}089.$$

Liegen Gasmischungen aus Gasen von den Gewichtsanteilen $g_1, g_2, g_3 \ldots$, den Raumanteilen $r_1, r_2, r_3 \ldots$ und den Teildrucken $P_1, P_2, P_3 \ldots$ vor, so gelten als Beziehung zwischen den Gewichts- und Raumanteilen die Formeln:

$$g_1 = \frac{r_1 m_1}{\Sigma(r_i m_i)},$$

$$g_2 = \frac{r_2 m_2}{\Sigma(r_i m_i)}.$$

Nach dem Gesetz von Dalton setzt sich der Gesamtdruck einer Mischung aus den Teildrucken der einzelnen Gase zusammen. Da diese sich wie ihre Raumteile verhalten, ist

$$P_1 : P_2 : P_3 \cdots = r_1 : r_2 : r_3 \cdots$$

Es ist

$$P_1 + P_2 + P_3 \cdots = P,$$

somit

$$r_1 = \frac{P_1}{P},$$

$$r_2 = \frac{P_2}{P} \text{ usw.}$$

Die Gaskonstante für Mischungen berechnet sich aus der Gleichung

$$R_m = \Sigma(g_i R_i) = 848 \sum \left(\frac{g_i}{m_i}\right) = \frac{848}{\Sigma(r_i m_i)}.$$

Die spez. Wärme von Gasgemischen ist gleich der Summe der Produkte aus den Gewichtsteilen mit den spez. Wärmen der Einzelgase:

$$c_{pm} = \Sigma(g_i c_{pi}),$$
$$c_{vm} = \Sigma(g_i c_{vi}).$$

Das Gewicht von 1 m³ eines Gases bzw. eines Gasgemisches in kg berechnet sich, falls P und t gegeben sind, nach der Formel

$$\frac{1}{v} = \gamma = \frac{P}{RT},$$

oder wenn der spez. Druck P als H mm Q.S. bekannt ist,

$$\gamma = 13{,}596 \frac{H}{R} \frac{1}{(273 + t)}.$$

Hieraus ergibt sich das Gewicht G kg von V m³ trockener Luft von t^0 zu

$$G = 0{,}465 \frac{H V}{273 + t}.$$

Ist $P = 10\,000$ kg/m² $= 1$ kg/cm², so ist

$$G = \frac{1{,}252}{1 + \alpha t} V,$$

wobei $\frac{1}{273} = \alpha$ gesetzt ist.

Feuchte Luft wird nach den Formeln für Gasgemische berechnet.

§ 2. Zustandsänderungen der Gase.

Im folgenden sind die wichtigsten Formeln für Zustandsänderungen von Gasen zur Berechnung der Wärmemenge und der geleisteten Arbeit angegeben.

Es bezeichne

Q die Wärmemenge in kcal,
P den absoluten Druck in kg/m²,
p den Druck in kg/cm²,
$T = 273 + t$ die absolute Temperatur,
t die Temperatur in °C,
V den Rauminhalt in m³,
G das Gewicht in kg,
$v = \frac{V}{G}$ das spez. Volumen in m³/kg,
$A = \frac{1}{427}$ das mechanische Wärmeäquivalent (1 kcal = 427 mkg),
L die geleistete Arbeit.

Zwischen den beiden Gaszuständen 1 und 2 mögen folgende Zustandsänderungen stattfinden:

1. V konstant (Isochore):

$$\frac{P_1}{P_2} = \frac{T_1}{T_2},$$

$$Q = G c_v (t_2 - t_1) = \frac{A}{x - 1} V (P_2 - P_1).$$

2. P konstant (Isobare):

$$\frac{V_1}{V_2} = \frac{T_1}{T_2},$$
$$L = P\,(V_2 - V_1) = G\,R\,(t_2 - t_1),$$
$$Q = G c_p\,(t_2 - t_1) = \frac{x}{x-1}\,A\,L.$$

3. T konstant (Isotherme):

$$PV = \text{konstant},$$
$$\frac{P_1}{P_2} = \frac{V_2}{V_1},$$
$$L = G\,R\,T \ln\frac{P_1}{P_2} = P_1\,V_1 \ln\frac{P_1}{P_2},$$
$$Q = A\,L.$$

4. $Q = 0$ (Adiabate):

$$PV^x = \text{konstant},$$
$$TV^{x-1} = \text{konstant},$$
$$\frac{T}{P^{\frac{x-1}{x}}} = \text{konstant}$$

oder

$$\frac{P_1}{P_2} = \left(\frac{V_2}{V_1}\right)^x,$$
$$\frac{T_1}{T_2} = \left(\frac{V_2}{V_1}\right)^{x-1} = \left(\frac{P_1}{P_2}\right)^{\frac{x-1}{x}}.$$
$$L = \frac{G c_v}{A}\,(t_1 - t_2) = \frac{P_1 V_1}{x-1}\left(1 - \frac{T_2}{T_1}\right).$$

5. Polytrope:

$$PV^n = \text{konstant}, \qquad 1 < n < x,$$
$$\frac{P_1}{P_2} = \left(\frac{V_2}{V_1}\right)^n,$$
$$\frac{T_1}{T_2} = \left(\frac{V_2}{V_1}\right)^{n-1} = \left(\frac{P_1}{P}\right)^{\frac{n-1}{n}},$$

$$L = \frac{G R}{n-1}(t_1 - t_2) = \frac{P_1 V_1}{n-1}\left[1 - \left(\frac{V_1}{V_2}\right)^{n-1}\right]$$

$$= \frac{P_1 V_1}{n-1}\left(1 - \frac{T_2}{T_1}\right) = \frac{P_1 V_1}{n-1}\left[1 - \left(\frac{P_2}{P_1}\right)^{\frac{n-1}{n}}\right]$$

$$Q = \frac{x-n}{x-1} A L .$$

§ 3. Arbeitsprozesse.

1. Carnotscher Kreisprozeß.

Der Carnotsche Kreisprozeß wird gebildet durch 2 Isothermen 1 — 2 und 3 — 4, sowie 2 Adiabaten 2 — 3 und 4 — 1. Für die isothermische Expansion 1 — 2 ist T_1 konstant; die Temperatur sinkt jedoch während der folgenden adiabatischen Expansion von 2 — 3 auf T_2. Von Punkt 3 aus

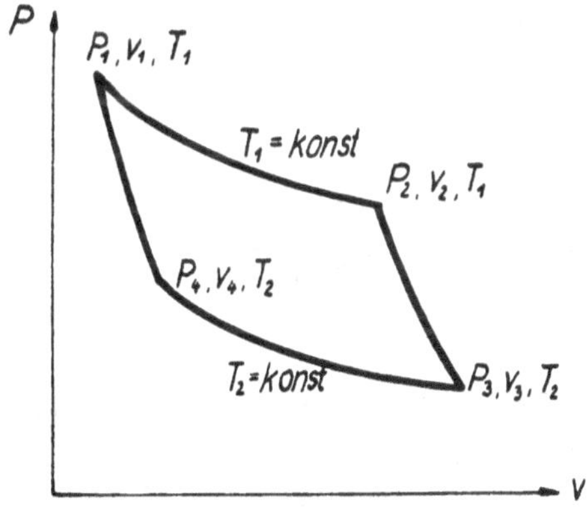

Fig. 1.

geschieht nun eine Kompression unter konstanter Temperatur T_2 bis zum Punkt 4, woselbst eine adiabatische Kompression bis zum Punkt 1 unter einer Temperaturerhöhung von T_2 auf T_1 einsetzt. (Fig. 1.)

Es bestehen für ihn die Gleichungen

$$P_1 : P_2 = P_4 : P_3 \text{ oder } P_1 P_3 = P_2 P_4,$$
$$T_1 : T_2 = T_4 : T_3 \text{ oder } T_1 T_3 = T_2 T_4,$$
$$v_1 : v_2 = v_4 : v_3 \quad \text{oder} \quad v_1 v_3 = v_2 v_4,$$
$$v_1 P_1 = v_2 P_2,$$
$$\left(\frac{P_1}{P_4}\right)^{\frac{x-1}{x}} = \left(\frac{P_2}{P_3}\right)^{\frac{x-1}{x}} = \left(\frac{v_4}{v_1}\right)^{x-1} = \left(\frac{v_3}{v_2}\right)^{x-1} = \frac{T_1}{T_2},$$
$$L = GR\,(T_1 - T_2) \ln \left(\frac{P_1}{P_2}\right) = P_4 v_4 \left(\frac{T_1}{T_2} - 1\right) \ln \left(\frac{P_1}{P_2}\right).$$

Der Wirkungsgrad η ist gleich $\frac{T_1 - T_2}{T_1}$.

2. Kreisprozeß gebildet aus 2 Polytropen mit gleichem Exponenten n und 2 Kurven $V =$ konstant. (Fig. 2.)

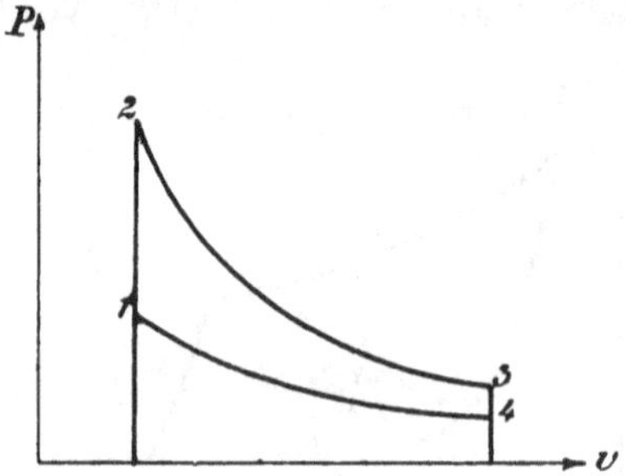

Fig. 2.

Dieser Kreisprozeß gilt für Gasmaschinen. Es bestehen die Gleichungen

$$\frac{T_1}{T_2} = \frac{T_4}{T_3} = \frac{P_1}{P_2} = \frac{P_4}{P_3},$$
$$\frac{T_1}{T_4} = \frac{T_2}{T_3} = \left(\frac{P_1}{P_4}\right)^{\frac{n-1}{n}} = \left(\frac{P_2}{P_3}\right)^{\frac{n-1}{n}} = \left(\frac{V_{4(3)}}{V_{1(2)}}\right)^{n-1},$$
$$L = \frac{P_4 V_4}{n-1} \left(\frac{P_2}{P_1} - 1\right) \left[\left(\frac{V_4}{V_1}\right)^{n-1} - 1\right].$$

Wenn die Kurven 1 — 4 und 2 — 3 Adiabaten sind, so ist n durch x zu ersetzen. Für diesen Fall gelten dann noch die Formeln

$$L = \frac{Gc_v}{A}(T_2 - T_1 - T_3 + T_4) = \frac{Gc_v}{A} T_4 \left(\frac{P_2}{P_1} - 1\right)\left[\left(\frac{V_4}{V_1}\right)^{x-1} - 1\right],$$

$$\eta = 1 - \frac{T_3}{T_2} = 1 - \left(\frac{V_3}{V_2}\right)^{x-1}.$$

3. Arbeitsprozeß eines Kompressors. (Fig. 3.)

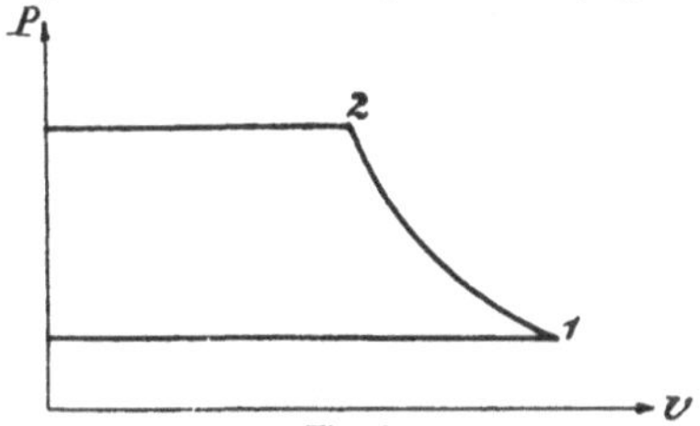

Fig. 3.

Der schädliche Raum sei vernachlässigt und die Kompression erfolge vom Punkt 1 bis 2:

a) nach einer Isotherme:
dann ist

$$L = G R T_1 \ln\left(\frac{P_2}{P_1}\right) = P_1 V_1 \ln\left(\frac{P_2}{P_1}\right),$$

$$T_1 = T_2, \qquad P_1 V_1 = P_2 V_2,$$

$$Q_{12} = A L;$$

b) nach einer Adiabate:

$$L = G \frac{x}{x-1} R (T_2 - T_1) = P_1 V_1 \frac{x}{x-1}\left(\frac{T_2}{T_1} - 1\right)$$

$$= P_1 V_1 \frac{x}{x-1}\left[\left(\frac{P_2}{P_1}\right)^{\frac{x-1}{x}} - 1\right].$$

Für die Polytrope ist x durch n zu ersetzen.

$$Q_{12} = \frac{x-n}{x-1}\frac{1}{n} A L.$$

§ 4. Wärmewirkungsgrade von Kesseln, Gaserzeugern und Kraftmaschinen.

Betriebsmäßige Belastung; hochwertige Brennstoffe.

Betriebsart	Kessel oder Gaserzeuger	Kraftmaschine ausschl. Kessel oder Gaserzeuger	Kraftmaschine einschl. Kessel oder Gaserzeuger
Kessel mit Überhitzer und Wasservorwärmer (Kohlenfeuerung)	70÷80	—	—
Kessel (Gasfeuerung)	70÷85	—	—
Abstichgaserzeuger mit Koks und voller Wärmeausnützung	82÷89	—	—
Gewöhnlicher Gaserzeuger mit voller Wärmeausnützung und ohne Gewinnung von Nebenerzeugnissen	75÷85	—	—
Kaltgaserzeuger mit Teergewinnung	65÷80	—	—
Kaltgaserzeuger mit Teer- und Ammoniakgewinnung	50÷60	—	—
Hochofen als Gaserzeuger	45÷55	—	—
Koksofen mit Kaltgas- und Koksgewinnung	75÷80	—	—
Gasanstalt mit Kaltgas- und Koksgewinnung	60÷75	—	—
Dampflokomotive	—	—	3÷7
Kleine Auspuffmaschine, Dampfpressen und -scheren (ungleichmäßiger Betrieb)	—	—	3÷6
Auspuffdampfmaschine bei Vollast	—	—	7÷9
Kolbenmaschine mit Kondensator	—	—	9÷16
Dampfturbine mit Großkraftwerk	—	—	13÷17
Großgasmaschine	—	20÷24	—
Großgasmaschine mit Abhitzekessel	—	23÷28	—
Großgasmaschine mit Abhitzekessel und Kühlwasserverdampfung	—	25÷31	—
Großgasmaschine mit Abhitzekessel	—	—	18÷22
Großgasmaschine mit Abhitzekessel und Teergewinnung	—	—	17÷21
Großgasmaschine mit Abhitzekessel, Teer- und Ammoniakgewinnung	—	—	13÷17
Großgasmaschine mit Abhitzekessel, Kühlwasserverdampfung und Ausnutzung des Dampfes für Heizzwecke	—	—	55
Dampfmaschine mit Ab- und Zwischendampfverwertung	—	—	÷ 70
Dieselmaschine ohne Abhitze- und Kühlwasserverwertung	—	28÷35	—

§ 5. Ausfluß der Gase und Dämpfe aus Öffnungen.

Es bezeichne

F den Querschnitt der Ausflußöffnung in m^2,
P_1 den konstanten Druck im Ausflußgefäß in kg/m^2,
P_2 den Druck in der Mündungsebene in kg/m^2,
t_1 die Temperatur im Ausflußgefäß in ^{0} C,
v_1 das spez. Volumen in m^3/kg bei dem Druck P_1 und der Temperatur t_1,
α den Kontraktionskoeffizienten,
φ den Geschwindigkeitskoeffizienten,
$\mu = \alpha\varphi$ den Ausflußkoeffizienten,
$g = 9{,}81\ m/s^2$,

$\varkappa = \frac{c_p}{c_v}$, für Luft $\varkappa = 1{,}41$, für ges. Wasserdampf $\varkappa = 1{,}135$, für überh. Wasserdampf $\varkappa = 1{,}33$.

Nach Zeuner ist die Geschwindigkeit des ausströmenden Gases

$$w = \varphi \sqrt{2g \frac{\varkappa}{\varkappa - 1} P_1 v_1 \left[1 - \left(\frac{P_2}{P_1}\right)^{\frac{\varkappa-1}{\varkappa}}\right]}\ m/s$$

und die Ausflußmenge

$$Q = \mu F \sqrt{2g \frac{\varkappa}{\varkappa - 1} \frac{P_1}{v_1} \left[\left(\frac{P_2}{P_1}\right)^{\frac{2}{\varkappa}} - \left(\frac{P_2}{P_1}\right)^{\frac{\varkappa+1}{\varkappa}}\right]}\ m^3/s.$$

Die Reibung kann statt durch Einführung des Wertes φ durch passende Annahme von m (statt $\varkappa$) berücksichtigt werden. m heißt Ausflußexponent und ist $< \varkappa$. Dann wird

$$Q = \alpha F \sqrt{2g \frac{\varkappa}{\varkappa - 1} \frac{P_1}{v_1} \left[\left(\frac{P_2}{P_1}\right)^{\frac{2}{m}} - \left(\frac{P_2}{P_1}\right)^{\frac{m+1}{m}}\right]}.$$

Hierin ist

$$m = \frac{\varkappa(1 + \zeta)}{1 + \varkappa\zeta}.$$

ζ heißt Widerstandszahl.

Koeffizienten nach Grashof und Weisbach:

Art der Ausflußmündung	$\frac{P_1}{P_2}$	α	φ	ζ	m	μ
Kreisförmig (14 mm ∅) in dünner Wand	1,05	0,654	0,981	0,04	1,388	0,641
	1,09	0,651	0,981	0,04	1,388	0,638
	1,36	0,649	0,981	0,04	1,388	0,635
Kurzes zylindr. Ansatzrohr (14 mm ∅)	1,08	1	0,821	0,490	1,243	0,815
	1,41	1	0,838	0,444	1,252	0,813
	1,70	1	0,866	0,362	1,271	0,831
Kurzes konisches Ansatzrohr (10 mm ∅ an Mündung)	1,24	1	0,983	0,034	1,392	0,981
	1,38	1	0,990	0,022	1,398	0,988
	1,60	1	0,975	0,054	1,381	0,969

§ 6. Wasserdampftafel.

Dampfdruck		Temperatur	Flüssigkeitswärme	Verdampfungswärme r		Gesamtwärme	Spez. Gewicht	Spez. Volumen
p	h	t	i'	innere ϱ	äußere $A \cdot P \cdot (v''-v')$	i''	γ''	v''
kg/cm²	mm Q.S.	°C	kcal/kg	kcal/kg	kcal/kg	kcal/kg	kg/m³	m³/kg
0,1	73,6	45,45	45,41	536,6	35	617,0	0,0669	14,95
0,2	147,1	59,67	59,61	527,0	36,5	623,1	0,1283	7,795
0,4	294,2	75,42	75,36	516,0	38,1	629,5	0,2458	4,069
0,6	441,3	85,41	85,41	508,9	39,1	633,4	0,3594	2,783
0,8	588,4	92,99	92,99	503,4	39,8	636,2	0,4705	2,125
1,0	735,5	99,09	99,12	499,0	40,4	638,5	0,5797	1,725
1,2	882,6	104,25	104,32	495,1	40,9	640,3	0,6875	1,455
1,4	1030	108,74	108,85	491,9	41,2	642,0	0,7942	1,259
1,6	1177	112,73	112,89	489,0	41,6	643,5	0,8999	1,111
2,0	1471	119,62	119,87	483,7	42,2	645,8	1,109	0,9016
2,5	1839	126,77	127,2	478,3	42,8	648,3	1,367	0,7327
3,0	2206	132,88	133,4	473,7	43,2	650,3	1,622	0,6166
3,5	2574	138,18	138,8	469,4	43,7	651,9	1,874	0,5339
4,0	2942	142,92	143,6	465,8	44,0	653,4	2,125	0,4706
4,5	3310	147,20	148,0	462,4	44,3	654,7	2,374	0,4213
5,0	3678	151,11	152,1	459,1	44,6	655,8	2,621	0,3816
5,5	4045	154,71	155,8	456,3	44,8	656,9	2,817	0,3489
6,0	4413	158,08	159,3	453,5	45,0	657,8	3,112	0,3213

(Fortsetzung.)

Dampfdruck p kg/cm²	Dampfdruck h mm Q.S.	Temperatur t °C	Flüssigkeitswärme i' kcal/kg	Verdampfungswärme r innere ϱ kcal/kg	Verdampfungswärme r äußere $A \cdot P \cdot (v''-v')$ kcal/kg	Gesamtwärme i'' kcal/kg	Spez. Gewicht γ'' kg/m³	Spez. Volumen v'' m³/kg
6,5	4781	161,15	162,6	451,0	45,2	658,7	3,356	0,2980
7,0	5149	164,17	165,6	448,4	45,4	659,4	3,600	0,2778
7,5	5516	166,96	168,5	446,2	45,5	660,2	3,842	0,2602
8,0	5884	169,61	171,3	443,8	45,7	660,8	4,085	0,2448
8,5	6252	172,11	173,9	441,7	45,8	661,4	4,327	0,2311
9,0	6620	174,35	176,4	439,7	45,9	662,0	4,568	0,2189
9,5	6987	176,82	178,9	437,6	46,0	662,5	4,809	0,2080
10	7355	179,04	181,2	435,7	46,1	663,0	5,049	0,1981
11	8091	183,20	185,6	432,0	46,3	663,9	5,530	0,1808
12	8826	187,08	189,7	428,6	46,4	664,7	6,010	0,1664
13	9562	190,71	193,5	425,3	46,6	665,4	6,488	0,1541
14	10297	194,13	197,1	422,2	46,7	666,0	6,967	0,1435
15	11033	197,36	200,6	419,2	46,8	666,6	7,446	0,1343
16	11768	200,43	203,9	416,3	46,9	667,1	7,925	0,1262
20	14710	211,38	215,8	405,7	47,0	668,5	9,846	0,1016
25	18388	222,97	228,4	393,9	47,1	669,4	12,27	0,0817
30	22065	232,76	239,5	383,3	46,9	669,7	14,70	0,0680
35	25743	241,41	249,4	373,4	46,8	669,6	17,18	0,0583
40	29421	249,18	258,2	364,4	46,4	669,0	19,69	0,0508
50	36776	262,70	274,2	347,5	45,6	667,3	24,85	0,0402
60	44130	274,29	288,4	331,9	44,7	665,0	30,21	0,0331
70	51486	284,48	300,9	317,6	43,6	662,1	35,78	0,0279
80	58842	293,62	312,6	303,8	42,5	658,9	41,60	0,0240
90	66197	301,92	323,6	290,3	41,2	655,1	47,71	0,0210
100	73550	309,53	334,0	277,3	39,8	651,1	54,21	0,0185
120	88260	323,15	353,9	251,2	36,8	641,9	68,42	0,0146
150	110326	340,56	381,7	211,6	31,6	624,9	93,90	0,0106
200	147100	364,08	431,5	131,2	19,6	582,3	161,2	0,0062
225,6	165929	374,2	505	0	0	505	329	0,0030

Die gesamte Wärmemenge i'', welche zur Verwandlung von 1 kg Wasser von 0^0 in Dampf von t^0 erforderlich ist, setzt sich zusammen:

1. aus der Flüssigkeitswärme i', welche 1 kg Wasser von 0^0 um t^0 erwärmt,
2. aus der Verdampfungswärme r, welche 1 kg Wasser von t^0 in Dampf von t^0 überführt.

Es ist $i'' = i' + r$.

Die Verdampfungswärme r wird gebildet:

1. durch die innere latente Wärme ϱ,
2. durch die äußere Wärme $A \cdot P \cdot (v'' - v')$, welche zur Überwindung der äußeren Arbeit infolge der Raumvergrößerung dient.

P = spez. Druck in kg/m²,

$v'' - v'$ = Volumenvergrößerung in kg/m³,

$A = \frac{1}{427}$.

Nach Régnault, Zeuner und Clausius ist

$$i' = t + 0{,}000\,02\,t^2 + 0{,}000\,000\,3\,t^3,$$
$$\varrho = 575{,}4 - 0{,}791\,t,$$
$$r = 606{,}5 - 0{,}695\,t,$$
$$i'' = 606{,}5 + 0{,}305\,t.$$

Mittlere spez. Wärme c_{pm} des überhitzten Wasserdampfes zwischen der Sättigungstemperatur t_s und der Überhitzungstemperatur $t_ü$ (berechnet):

pat	0,1	0,5	1	2	4	6	8	10	12	14	16
t_s°C	45,6	80,9	99,1	119,6	142,8	157,9	169,5	178,9	187,0	194,0	200,3
$t_ü$°C											
100	0,480	0,490	0,501	—	—	—	—	—	—	—	—
150	0,479	0,488	0,495	0,513	0,533	—	—	—	—	—	—
200	0,479	0,486	0,491	0,503	0,523	0,538	0,558	0,573	0,588	0,601	—
250	0,479	0,484	0,489	0,500	0,514	0,528	0,543	0,556	0,569	0,578	0,588
300	0,479	0,483	0,487	0,496	0,508	0,519	0,531	0,541	0,551	0,562	0,569
350	0,479	0,482	0,485	0,493	0,503	0,513	0,522	0,531	0,539	0,547	0,555
400	0,478	0,482	0,484	0,491	0,500	0,508	0,517	0,523	0,531	0,538	0,545

§ 7. Spez. Wärme fester, flüssiger und gasförmiger Körper.

Die spez. Wärme ist die Wärmemenge in kcal[1]), die erforderlich ist, um die Temperatur von 1 kg des Körpers um 1 ° C zu erhöhen.

[1]) Eine große Wärmeeinheit (1 kg-Calorie) ist die Wärmemenge, die erforderlich ist, um die Temperatur von 1 kg Wasser um 1° zu erhöhen: 1 kcal = 1000 cal.

Feste Körper	Mittlere spezifische Wärme	Flüssige Körper	Mittl. spezifische Wärme	Gasförmige Körper	Spez. Wärme bezogen auf 1 kg c_p	c_v
Aluminium	0,22	Äther	0,54	Ammoniak	0,491	0,374
Antimon	0,05	Alkohol	0,58	Alkohol	0,453	0,4
Basalt	0,20	Ammoniak	1,00	Benzol	0,33	0,305
Beton	0,21	Benzol	0,44	Kohlenoxyd	0,249	0,177
Blei	0,031	Glyzerin	0,58	Kohlensäure	0,196	0,15
Eis	0,502	Olivenöl	0,35	Luft	0,24	0,171
Gips	0,20	Petroleum	0,50	Sauerstoff	0,219	0,157
Glas	0,20	Quecksilber	0,033	Stickstoff	0,248	0,177
Gold	0,032	Schwefel-		Schweflige		
Granit	0,2	säure	0,33	Säure	0,145	0,114
Graphit	0,21	Terpentinöl	0,42	Wasser-		
Eiche	0,57	Wasser	1,011	dampf	0,48	0,37
Fichte } Hölzer	0,65	Maschinenöl	0,40	Wasserstoff	3,4	2,41
Tanne	0,65					
Kadmium	0,056					
Koks	0,20					
Konstantan	0,098					
Kupfer	0,093					
Magnesium	0,24					
Marmor	0,21					
Messing	0,093					
Nickel	0,11					
Platin	0,04					
Quarz	0,19					
Roheisen	0,13					
Sandstein	0,22					
Stahl(Eisen)	0,11					
Schlacke	0,18					
Schwefel	0,18					
Silber	0,057					
Steinkohle	0,24					
Steinsalz	0,22					
Wismut	0,031					
Ziegelsteine	0,189÷0,241					
Zink	0,094					
Zinn	0,055					

Die Werte der spez. Wärme für feste und flüssige Körper beziehen sich auf eine Temperatur von 0 bis 100° C.

§ 8. Schmelz- oder Gefrier- und Siedepunkte.

(Bei einem Druck von 760 mm Q.S.)

Dieses sind diejenigen Temperaturen, bei denen der feste Körper in den flüssigen Zustand (Schmelzpunkt) bzw. der flüssige Körper in den festen Zustand (Gefrierpunkt) bzw. der flüssige Körper in den dampfförmigen Zustand (Siedepunkt) übergeht.

Körper	Schmelz- oder Gefrierpunkt °C	Siedepunkt °C
Wolfram	3395	4830
Tantal	3030	—
Osmium	2500	—
Iridium	2360	—
Rhodium	1966	—
Platin	1774	3800
Palladium	1557	2200
Porzellan	1550	—
Stahl mit 0,2 % C	1500	—
Stahl mit 0,6 % C	1470	—
Nickel	1452	2340
Eisenhochofenschlacke	1300 ÷ 1430	—
Mangan	1245	1900
Gußeisen (grau)	1200	—
Gußeisen (weiß)	1130	—
Glas	1000 ÷ 1400	—
Kupfer	1083	1500
Gold	1063	2677
Bronze GBz 10	1020	—
Silber	960	2050
Delta-Metall	950	—
Messing Ms 58	900	—
Antimon	630	1300
Aluminium	659	~ 2000
Zink	419	907
Blei	327	1730

Körper	Schmelz- oder Gefrierpunkt °C	Siedepunkt °C
Wismut	271	1420
Zinn	232	2275
Weichlote	135 ÷ 200	—
Wismutlote	94 ÷ 128	—
Kautschuk	125	—
Schwefel	115	444,6
Naphthalin	80	—
Wachs	64	—
Paraffin	54	300
Walrat	49	—
Phosphor	44	280
Wasser	0	100
Seewasser	— 2,5	103
Terpentin	— 10	160
Kochsalzlösung (gesättigt)	— 18	108
Glyzerin	— 19	290
Quecksilber	— 38,9	357
Chlorkalziumlösung (gesättigt)	— 40	—
Chloroform	— 64	—
Ammoniak	— 78	— 33,4
Kohlensäure (flüssig)	— 79	— 78
Schweflige Säure	— 76	— 10
Toluol	— 92	—
Alkohol (abs.)	— 110	78,5
Äther	— 118	34,5
Stickstoff	— 210	— 195,8
Sauerstoff	— 227	— 183
Schwefelsäure (spez. Gew. 1,85)	—	325
Fette	—	300 ÷ 325
Petroleum	—	150
Benzin	—	90 ÷ 110

§ 9. Schmelzwärme.

Die Schmelzwärme ist die Anzahl der kg-Calorien, welche verbraucht werden, um 1 kg des Körpers aus dem festen in den flüssigen Zustand ohne Erhöhung der Temperatur überzuführen. Das Analoge gilt für das Erstarren des flüssigen Körpers.

Körper	kcal	Körper	kcal
Blei	5,7	Quecksilber	2,8
Eis (Wasser)	80,4	Roheisen (grau)	23
Glyzerin	42,5	Roheisen (weiß)	33
Nickel	70	Schwefel	9,4
Eisen (rein)	65	Silber	25
Kupfer	50	Salpeter	63
Paraffin	35,1	Zink	26,8
Phosphor	5,2	Zinn	14
Platin	27,2		

§ 10. Kältemischungen.

Die niedrigste Temperatur ist der Gefrierpunkt der Lösung.

Mischung	Gewichtsteile	Temperaturerniedrigung °C von	bis
Natriumphosphat, Salmiak, verd. Salpetersäure	9: 6: 4	+ 12,5	— 6
Natriumphosphat, verd. Salpetersäure	9: 4	+ 15	— 9
Salmiak, Salpeter, Wasser	5: 5: 16	+ 10	— 12
Ammoniumnitrat, Wasser	1: 1	+ 10	— 16
Chlornatrium, Schnee	1: 1	0	— 18
Salpeter, Salmiak, Wasser	1: 1: 1	+ 8	— 24
Chlorkalzium, Schnee	3: 2	0	— 33
Verd. Salpetersäure, Schnee	1: 1	— 14	— 35
Verd. Schwefelsäure, verd. Salpetersäure, Schnee	1: 1: 2	— 19	— 40
Verd. Schwefelsäure, Schnee	1: 1	— 5	— 41

§ 11. Verdampfungswärme.

Die Verdampfungswärme einer Flüssigkeit ist die Anzahl der kcal, die verbraucht werden, um 1 kg der Flüssigkeit aus dem flüssigen in den dampfförmigen Zustand ohne Erhöhung der Temperatur überzuführen. Dieselbe Wärmemenge wird beim Kondensieren des Dampfes frei.

Körper	kcal
Äther	90
Alkohol	210
Ammoniak (bei 0°)	327
Benzol	105
Kohlensäure (bei 0°)	56
Quecksilber	68
Schwefel	70
Schweflige Säure (bei 0°)	95
Terpentin	70
Wasser	539

§ 12. Wärmeausdehnung.

1. Längenausdehnungszahlen für feste und flüssige Körper.

Unter dem Längenausdehnungskoeffizienten α versteht man die Verlängerung (α cm) der Längeneinheit (1 cm) des Körpers bei einer Temperaturerhöhung um 1 ° C.

Die Ausdehnungs- bzw. Zusammenziehungskraft eines prismatischen Stabes bei einer Temperaturänderung ist

$$P = \alpha E F (t_1 - t_2) \text{ kg},$$

worin

E der Elastizitätsmodul in kg/cm²,
F der Querschnitt in cm²,
$t_1 - t_2$ die Temperaturänderung in ° C

ist.

Ein Stab von der Länge l cm dehnt sich bei einer Erwärmung um $t_1 - t_2$ °C aus um

$$\Delta l = \alpha l (t_1 - t_2) \text{ cm}.$$

Werte für α:

Körper	α	Körper	α
Aluminium ...	0,000023	Magnesium	0,000026
Blei	0,000029	Messing	19
Bronze	18	Neusilber	18
Eisen	12	Nickel	13
Glas	06 ÷ 09	Platin	09
Gold	14	Porzellan	03
Gußeisen	9	Schwefel	70
Hartgummi ..	80	Silber	19
Holz (längs) ..	03 ÷ 10	Zement (Beton) .	14
Holz (quer) ..	30 ÷ 60	Zink............	29
Konstantan ..	15	Zinn............	23
Kupfer	17		

2. Raumausdehnungszahlen.

Für homogene Körper ist der Raumausdehnungskoeffizient γ, d. h. die Vergrößerung (γ cm^3) der Volumeneinheit (1 cm^3) bei einer Temperaturerhöhung um 1 ° C

$$\gamma = 3\alpha.$$

Die Flächenausdehnungszahl β ist gleich 2α.

Werte für γ:

Körper	γ
Äther......................	0,00160
Alkohol	110
Benzol	120
Glyzerin	050
Petroleum..................	100
Quecksilber	018
Terpentin	100
Wasser (Mittel)............	018

Die Ausdehnungszahl aller Gase bei gleichbleibendem Druck beträgt $\gamma = \frac{1}{273}$ bezogen auf das Volumen bei 0 ° C.

3. Allgemeine Formeln.

Es sei

l_1, F_1, V_1 Länge, Fläche und Volumen eines Körpers bei t_1 ° C,

l_2, F_2, V_2 Länge, Fläche und Volumen eines Körpers bei $t_2{}^0$ C,

so ist

$$\left.\begin{aligned}\frac{l_1}{l_2} &= \frac{1+\alpha t_1}{1+\alpha t_2}\\ \frac{F_1}{F_2} &= \frac{1+2\alpha t_1}{1+2\alpha t_2}\end{aligned}\right\}\text{ für feste Körper,}$$

$$\frac{V_1}{V_2} = \frac{1+\gamma t_1}{1+\gamma t_2}\text{ für feste und flüssige Körper,}$$

$$\frac{V_1}{V_2} = \frac{273+t^2}{273+t_1}\text{ für gasförmige Körper.}$$

Dementsprechend ist angenähert:

$$l_2 - l_1 = l_1 \cdot \alpha\,(t_2 - t_1),$$

$$F_2 - F_1 = F_1 \cdot 2\alpha\,(t_2 - t_1),$$

$$V_2 - V_1 = V_1 \cdot \gamma\,(t_2 - t_1)$$

$$\text{bzw. } V_2 - V_1 = V_0 \cdot \frac{t_2 - t_1}{273} = V_1 \cdot \frac{t_2 - t_1}{273 + t_1}.$$

§ 13. Längenschwindmaße von Metallen und Hölzern.

Unter Schwindmaß eines Gußstückes versteht man die Verkleinerung der Längenabmessungen beim Erstarren und Erkalten.

Metalle	Schwindmaß Verhältnis	Schwindmaß cm auf 1 m
Wismut	1:265	0,3 bis 0,4
Zinn	1:128	0,78
Gußeisen	1:96	1,04
Blei	1:92	1,09
Bronze	1:63	1,59
Glockenmetall	1:65	1,54
Messing	1:65	1,54
Flußstahl	1:64	1,56
Zink	1:62	1,61
Stahlguß	1:50	2,00

Das Schwinden des Holzes wird durch Austrocknung verursacht. Folgendes sind die Schwindmaße der wichtigsten Holzarten:

Holzart	Größe des Schwindens in Richtung		
	der Achse %	des Halbmessers %	der Sehne %
Ahorn	0,072	3,35	6,59
Apfelbaum	0,109	3,00	7,39
Birke	0,222	3,86	9,30
Birke, russische	0,065	7,19	8,17
Birnbaum	0,228	3,94	12,70
Buchsbaum	0,026	6,02	10,20
Ebenholz	0,010	2,13	4,07
Eiche, jung	0,400	3,90	7,55
Eiche, 300 Jahre altes Bauholz	0,130	3,13	7,78
Erle	0,369	2,91	5,07
Esche, jung	0,821	4,05	6,56
Esche, 300 Jahre altes Bauholz	0,187	3,84	7,02
Fichte (Rottanne)	0,076	2,41	6,18
Guajak (Pockholz)	0,625	5,18	7,50
Kiefer (Föhre)	0,120	3,04	5,72
Kirschbaum	0,112	2,85	6,95
Lärche	0,075	2,17	6,32
Linde	0,208	7,79	11,50
Mahagoni	0,110	1,09	1,79
Nußbaum	0,223	3,53	6,25
Pappel	0,125	2,59	6,40
Pflaumenbaum	0,025	2,02	5,22
Roßkastanie	0,088	1,84	5,82
Rotbuche	0,200	5,03	8,06
Tanne (Weißtanne), jung	0,122	2,91	6,72
Tanne, 300 Jahre altes Bauholz	0,086	4,82	8,13
Ulme (Rüster, Yper)	0,124	2,94	6,22
Weide	0,697	2,48	7,31
Weimutskiefer (Strobe)	0,160	1,80	5,00
Weißbuche	0,400	6,66	10,90
Zeder	0,017	1,30	3,38

§ 14. Wärmeleitung und Wärmestrahlung.

Wärme pflanzt sich von einem Körper auf einen andern durch Leitung und Strahlung fort.

1. Wärmeleitung.

Es bedeute

$\vartheta = t_1 - t_2$ den Temperaturunterschied zweier durch eine Wand getrennter Flüssigkeiten,

F die Größe der Wand in m^2

δ die Dicke der Wand in m,

λ das Wärmeleitvermögen,

k die Wärmedurchgangszahl,

α_1, α_2 die Wärmeübergangszahlen der beiden Flüssigkeiten, d. h. die stündlich auf 1 m^2 Fläche und 1^0 Temperaturunterschied übergehende Wärmemenge,

Q die übergehende Wärme in kcal,

z die Übergangsdauer in Stunden.

Werte für α:

für siedendes Wasser	2000 ÷ 6000
für nichtsiedendes Wasser (ruhend)	500
für kondensierenden Wasserdampf	÷ 10 000
für Gase und Luft (ruhend)	4
für Gase und Luft (strömend)	$2 + 10\sqrt{v}$ m/s.

Dann besteht die Gleichung

$$Q = k F z \vartheta = \frac{1}{\frac{1}{\alpha_1} + \frac{1}{\alpha_2} + \frac{\delta}{\lambda}} F z \vartheta .$$

Bei einem Wärmeübergang zwischen einer Körperoberfläche und einem Gas (Dampf) bzw. Flüssigkeit ist

$$Q = \alpha F z \vartheta ,$$

wobei ϑ die Temperaturdifferenz von Wandung und Dampf bedeutet.

Werte für λ:

Unter der Wärmeleitungszahl λ versteht man die Anzahl der kcal, welche stündlich durch einen Querschnitt von 1 m² hindurchfließen, wenn auf der Strecke von 1 m ein Temperaturgefälle von 1° C besteht.

Stoff	λ	Stoff	λ
Metalle:		Hochofenschlackenbeton	0,2
Aluminium	175	Ziegelstein	0,34÷0,45
Blei	30	Ziegelmauerwerk (normal feucht)	0,6÷0,8
Eisen	40÷50	Hohlziegelmauerwerk	0,27
Gold	265	Bruchsteinmauerwerk	1,3÷2,1
Kupfer	300÷340	Verputz	0,5÷0,6
Nickel	50	Gußasphalt	0,6
Platin	60	Asbestschiefer	0,19
Silber	360	Linoleum	0,16
Zink	90		
Zinn	56	**Flüssigkeiten:**	
Messing	80÷90		
Rotguß	55	Alkohol	0,15÷0,20
Neusilber	25	Benzol	0,12
Woods-Legierung	11,5	Glyzerin (wasserfrei)	0,25
Konstantan	20	Olivenöl	0,15
Manganin	20	Mineral. Schmieröl	0,1
Baustoffe:		Petroleum	0,13
		Quecksilber	6,5
Eiche ⊥ Faser	0,18	Wasser	0,5÷0,6
„ ∥ „	0,36		
Kiefer ⊥ „	0,14	**Sonstige Stoffe:**	
„ ∥ „	0,30	Eis	1,5
Flußsand 0% Feuchtigkeit	0,28	Glas	0,5÷0,8
		Porzellan	0,9
„ 6,9% „	0,97	Steinkohle	0,12÷0,15
Granit	2,7÷3,5	Retortenkohle	3,7
Gneis	3,4	Kohlenstaub	0,1
Basalt	1,1÷2,4	Kesselstein	0,5÷2
Marmor	1,8÷3,0	Kautschuck	0,1÷0,2
Sandstein	1,1÷1,5	Zelluloid	0,18
Kalkstein	0,6÷0,8	Sohlleder	0,14
Kreide	0,8	Luft	0,02
Gips (gegossen)	0,32	Platten aus Kork, Torf oder Filz	0,04÷0,08
Zement (abgebunden)	0,9		
Beton	0,7÷1,2	Strohfaser	0,043

Bei 1000° C ist λ für Schamotte-Steine 0,82
Magnesit- „ 1,43
Silica- „ 1,19
Dinas- „ 1,13

Bei 300° C ist λ für Schlackenwolle 0,75
Glaswolle (regellos gestopft)... 0,037

Körper	Temperatur °C				
	0	100	200	300	500
Asbest	0,130	0,167	0,180	0.186	0,198
Kieselgur-Formsteine	0,064	0,078	0,092	0,106	—
Kieselgur lose	0,052	0,066	0,074	0,078	—
Baumwolle	0,047	0,059	—	—	—
Seide	0,038	0,051	—	—	—
Wolle	0,033	0,050	—	—	—
Korkmehl	0,031	0,048	0,055	—	—
Rheinischer Bimskies	0,20 (20 ÷ 65° C)				
Korkstein (asphaltiert)	0,061 (10 ÷ 57° C)				
Sägemehl	0,055 (20 ÷ 136° C)				
Torfmull	0,055 ÷ 0,070 (20 ÷ 40° C)				

2. Wärmestrahlung.

Der Wärmeaustausch zweier sich gegenüberstehender Körper geschieht nach dem Stefan-Boltzmannschen Gesetze

$$Q = C F z \left[\left(\frac{T_1}{100}\right)^4 - \left(\frac{T_2}{100}\right)^4\right].$$

Hierin bedeutet

Q die ausgetauschte Wärmemenge in kcal,
F die Größe der Oberfläche des umgebenen Körpers in m^2
z die Zeit in Stunden,
$T_1 = 273 + t_1$,
$T_2 = 273 + t_2$,
t_1 die Temperatur der strahlenden Fläche,
t_2 die Temperatur der bestrahlten Fläche,
C eine Konstante.

Werte für C: für schwarze Körper 4,95,
für Mauerwerk
für Papier
für Holz
für glühende Brennstoffe } ~ 4.

3. Wärmeisolation.

Umhüllung von 30 mm mit	Isolation in % des Wärmeverlustes bei unbekleidetem Rohr
Strohseil mit Lehm	43
Asbestschnur	48
Kieselgur	62
Kieselgur mit Kork	74
Kieselgur mit organischen Bestandteilen (gebrannt)	80
Kunsttuffsteinschalen	72
Korkschalen	76
Rohseidenzöpfe	81
Filz	87
Diatomitschalen (bandagiert)	67
Diatomitschalen mit Filz	77

§ 15. Chemische Zusammensetzung der wichtigsten Brennstoffe.

I. Getrocknetes Holz.

Art	C %	H %	O %	N %	Asche %
Buche	49,06	6,11	44,17	0,09	0,57
Eiche	50,16	6,02	43,45		0,37
Fichte	50,31	6,20	43,08	0,04	0,37
Tanne	50,36	5,92	43,39	0,05	0,28

II. Braunkohle.

Art und Herkunft	Brennb. Bestandteile %	Wasser %	Asche %	Koks %	flücht. Bestandteile %	fest. C %	C %	H %	O %	S %
Lignit	43,76	40,35	15,89	34,00	26,65	18,11	65,8	5,8	10,0	6,6
Sachsen	47,20 ÷ 64,55	47,75 ÷ 27,63	5,35 ÷ 8,32	24,98 ÷ 35,59	27,57 ÷ 37,28	19,63 ÷ 27,27	65,9 ÷ 73,1	5,9 ÷ 6,8	11,5 ÷ 26,0	8,2 ÷ 2,7
Rheinland	41,00	56,00	3,00	22,20	21,80	19,20	68,2	4,5	21,6	1,2
Böhmen	86,98	10,01	3,00	—	—	—	75,6	5,8	12,1	0,8

III. Steinkohle.

Art	C %	H %	O %	Koksmenge nach Destillation Gew.-%
Trockene Kohle mit langer Flamme (Sandkohle)...	75÷80	4,5÷5,5	12,5÷15,0	50÷60
Fette Kohle mit langer Flamme (Gaskohle)....	80÷85	5,0÷5,8	10,2÷14,2	60÷80
Fette Kohle (Schmiedekohle)................	84÷89	5,0÷5,5	5,5÷11,0	68÷74
Fette Kohle mit kurzer Flamme (Kokskohle) ..	88÷91	4,5÷5,5	5,5÷ 6,8	74÷82
Magere Kohle oder Anthrazit mit kurzer Flamme..	90÷93	4,0÷4,5	3,0÷ 5,5	82÷92

IV. Gaskoks.

Art (Herkunft)	Wasser %	Asche %	Koks %	C %	H %	S %
Ruhr	1,53÷2,33	6,50÷11,18	95,2÷98,0	92,9÷93,8	0,8÷1,2	1,0÷1,4
Saar	0,96÷1,79	6,52÷10,27	98,3÷45,4	95,2÷94,3	0,8÷1,1	0,9÷1,6
Oberschlesien...	3,73	6,41	94,3	96,1	0,6	1,1

V. Gasförmige Brennstoffe.

Art	in 1 cbm Gas sind enthalten						
	CO_2 m^3	CO m^3	CH_4 m^3	C_nH_m m^3	H m^3	N m^3	C kg
Koksluftgas	0,018	0,325	0,004	—	0,02	0,633	0,186
Hochofengas	0,093	0,302	—	—	0,019	0,586	0,212
Koksmischgas	0,08	0,24	—	—	0,15	0,53	0,172
Steinkohlengeneratorgas .	0,070	0,244	0,02	0,002	0,120	0,554	0,181
Leuchtgas	0,02	0,08	0,34	0,04	0,49	0,03	0,279
Rohbraunkohlengeneratorgas	0,088	0,234	0,006	0,002	0,113	0,557	0,178
Braunkohlenbrikettgeneratorgas	0,035	0,315	0,02	0,004	0,075	0,551	0,203
Braunkohlenbrikettgeneratormischgas	0,050	0,300	0,02	0,004	0,136	0,490	0,205
Koksofengas	0,022	0,063	0,292	—	0,505	0,094	0,228
Wassergas	0,030	0,405	0,005	0,024	0,525	0,035	0,236
Mondgas aus Kohle	0,163	0,102	0,025	—	0,264	0,446	0,155

§ 16. Heizwerte.

Unter Heizwert versteht man diejenige Wärmemenge, die bei der Verbrennung bis zur Wiederabkühlung der Verbrennungserzeugnisse auf die Anfangstemperatur frei wird.

Der obere Heizwert H_o bezieht sich auf das in den Verbrennungserzeugnissen im flüssigen Zustand, der untere Heizwert H_u auf das im dampfförmigen Zustand befindliche Wasser, daher ist $H = H_u + 600$.

Besteht 1 kg eines Brennstoffes aus

C kg Kohlenstoff,
H kg Wasserstoff,
S kg Schwefel,
O kg Sauerstoff,
w kg hygroskopischen Wassers,

so ist die zur vollständigen Verbrennung von 1 kg Brennstoff erforderliche Luftmenge

$$L = \frac{\frac{8}{3}C + 8H + S - O}{0{,}23} \text{ kg}$$

oder

$$L = \frac{\frac{8}{3}C + 8H + S - O}{0{,}3} \text{ m}^3$$

von 0 ° C und 760 mm Q.S.

Der Heizwert des betr. Brennstoffes, d. h. die Anzahl kcal, welche bei der vollkommenen Verbrennung von 1 kg des Brennstoffes frei werden, berechnet sich nach der Gleichung

$$H_u = 8100\,C + 29\,000\,(H - \tfrac{1}{8}\,O) + 2500\,S - 600\,w.$$

Der Heizwert H_{wo} bezogen auf 1 Nm³ Brennstoff (bei 0 ° C und 760 mm Q.S.) ergibt sich aus der Formel $H_{wo} = H_o \frac{m}{22{,}4}$, wobei m das Molekulargewicht ist.

Obere Heizwerte:

Stoff	H_o kcal/kg	Stoff	H_o kcal/kg	H_{wo} kcal/Nm³
Steinkohle (gute) .	7500	Wasserstoff........	34 200	3 050
Steinkohle (mittlere)	6600	Kohlenoxyd	2 440	3 020
Steinkohle (geringe)	4800	Azetylen	12 000	14 090
Steinkohlenbriketts	7750	Leuchtgas	10 000	5 450
Anthrazit	8000	Wassergas.........	3 930	2 810
Braunkohlen	3600	Generatorgas	1 180	1 175
Braunkohlenbriketts	4800	Mischgas	1 190	1 530
Gaskoks	7000	Gichtgas	768	970
Torf	3800	Äther.............	9 000	
Holz	4100	Alkohol	7 100	
Holzkohle zu CO_2..	8000	Benzol	10 000	
Holzkohle zu CO ..	2470	Braunkohlenteeröl .	10 000	
Naphthalin	9700	Petroleum.........	11 000	
Phosphor	5950	Benzin	11 000	
Schwefel zu SO_2 ..	2220	Terpentin	10 850	
Wachs	9000	Leinöl, Rüböl	9 300	

Untere Heizwerte:

Stoff	Dichte bez. auf Luft	H_u kcal/kg	H_{wu} kcal/Nm³	
Wasserstoff	0,07	28 700	2 570	
Kohlenoxyd...........	0,97	2 440	2 800	
Azetylen.............	0,90	11 600	13 600	
Leuchtgas	0,39	8 900	4 860	
Wassergas	0,54	3 580	2 600	
Generatorgas	0,84	1 100	1 095	
Gichtgas	0,98	757	950	
	Spez. Gew. bei 15° C	H_u kcal/kg	Elementaranalyse: Wasserstoff %	Elementaranalyse: Kohlenstoff %
Petroleum	0,879	10 610	14,2	85,1
Solaröl	0,849	10 100	13,3	85,7
Gasöl	0,865	10 000	12,5	84,6
Braunkohlenrohöl......	0,908	9 800	12,4	85,6
Paraffinöl	0,926	9 750	11,6	86,0

Stoff	Spez. Gew. bei 15° C	H_u $\frac{\text{kcal}}{\text{kg}}$	Elementaranalyse	
			Wasserstoff %	Kohlenstoff %
Kreosotöl	1,050	8 970	6,1	91,2
Alkohol	0,794	6 400	—	—
Spiritus, 95 proz.	0,809	6 000	—	—
Spiritus, 85 proz.	0,836	5 240	—	—
Spiritus, 75 proz.	0,861	4 470	—	—
Benzol	0,885	9 590	—	—
Naphthalin	0,977 (bei der Schmelztemp. 80°)	9 280	—	—
Benzin	0,70	9 800÷10 200	—	—

§ 17. Glühfarben und Glühtemperaturen des Eisens.

Glühfarbe des Eisens	Temperatur °C	Anlaßfarbe des Stahles für Härtung	Temperatur °C
im Dunkeln rotglühend	500	blaßgelb	220
dunkelrot	700	strohgelb.......	232
dunkelkirschrot.......	800	goldgelb	243
kirschrot	900	purpur.........	250
hellkirschrot	1000	violett	266
dunkelorange.........	1100	dunkelpurpur ..	278
hellorange	1200	hellblau	293
weißglühend	1300	dunkelblau	316
Schweißhitze	1400÷1600		

II. Kapitel

Festigkeit.

§ 1. Zeichenerklärung.

Es sei:

P die Belastung in kg,

F der Querschnitt in cm²,

l die Länge in cm,
e der Abstand der äußersten Faser von der Nullinie in cm,
E der Elastizitätsmodul des betr. Materials in kg/cm²,
Δl die Verlängerung resp. Verkürzung des Stabes in cm,
J das äquatoriale Trägheitsmoment des Querschnittes in cm⁴,
J_p das polare Trägheitsmoment des Querschnittes in cm⁴,
M_b das Biegungsmoment in cmkg (= algebraische Summe der Momente auf einer Seite des Querschnittes),
M_t das Drehmoment in cmkg,
W das Widerstandsmoment gegen Biegung $= \frac{J}{e}$ in cm³,
W_t das Widerstandsmoment gegen Drehung $= \frac{J_p}{e}$ in cm³,
$\sigma_{z\,zul}$ die zulässige Zugbeanspruchung in kg/cm²,
$\sigma_{d\,zul}$ die zulässige Druckbeanspruchung in kg/cm²,
$\sigma_{s\,zul}$ die zulässige Schubbeanspruchung in kg/cm²,
$\sigma_{b\,zul}$ die zulässige Biegungsbeanspruchung in kg/cm²,
$\sigma_{t\,zul}$ die zulässige Drehungsbeanspruchung in kg/cm².

Sämtliche { Kräfte sind in kg, Längen sind in cm, Flächen sind in cm² } einzusetzen.

§ 2. Zug und Druck.

Wird ein zylindrischer Stab von der Länge l cm und dem Querschnitt F cm² durch eine Kraft P kg oder $\sigma = \frac{P}{F}$ kg/cm² der Zugbeanspruchung unterworfen, so erleidet er eine Verlängerung um Δl cm oder eine spezifische Verlängerung (Dehnung) um $\varepsilon = \frac{\Delta l}{l}$; ε ist also die Verlängerung der Längeneinheit und σ die Belastung der Flächeneinheit. Durch die

Zugbeanspruchung erfährt der Stab aber auch eine Querzusammenziehung

$$(-)\,\varepsilon_q = \frac{\text{Verminderung des Durchmessers}}{\text{Ursprünglichen Durchmesser}} = \frac{(-)\,\Delta d}{d}.$$

Zwischen ε und ε_q besteht die Beziehung

$$\varepsilon = m\,\varepsilon_q$$

oder

$$\frac{\Delta l}{l} = m\,\frac{\Delta d}{d}.$$

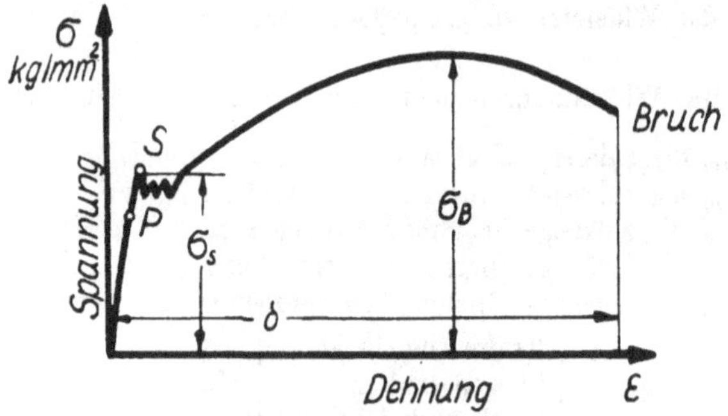

Fig. 4.

Die Größe von m hängt vom Material ab und liegt im allgemeinen zwischen 3 und 4; für Metalle ist $m = \frac{10}{3}$.

In Fig. 4 ist das Spannungs-Dehnungsdiagramm gezeichnet. Unterhalb der Proportionalitätsgrenze P besteht als Beziehung zwischen der Dehnung ε und der Spannung σ das Hookesche Gesetz

$$\varepsilon = \alpha\,\sigma = \frac{1}{E}\,\sigma,$$

wobei α den Dehnungskoeffizienten bedeutet, d. h. die Dehnung eines Würfels von 1 cm Kantenlänge bei 1 kg Belastung. E heißt Elastizitätsmodul. S ist die Streckgrenze, bei der der Stab zu fließen beginnt; σ_B die Zugfestigkeit.

Es ist

$$\frac{\Delta l}{l} = \frac{P}{F E};$$

also beträgt die Verlängerung eines Stabes von l cm Länge, F cm² Querschnitt und P kg Belastung

$$\Delta l = \frac{P l}{F E} \text{ cm.}$$

Gußeisen, Kupfer, Zement, Beton usw. haben keine Proportionalitätsgrenze. Für diese Materialien gilt angenähert das Bachsche Potenzgesetz $\varepsilon = \alpha \sigma^n$. Für Beton ist $n \sim 1{,}1 \div 1{,}2$, für Riemen und Hanfseile ist $n < 1$.

Das Vorstehende gilt sinngemäß auch für die Druckbeanspruchung.

Zur Berechnung der Dimensionen eines auf Zug resp. Druck beanspruchten Maschinenteiles gelten folgende Formeln:

$$P = F \sigma_{z\ \text{zul}} \qquad \text{für Zug}$$

und

$$P = F \sigma_{d\ \text{zul}} \qquad \text{für Druck.}$$

Wird die Spannung σ gesucht, die bei einer bestimmten Last P auftritt, so ist

$$\sigma = \frac{P}{F} \text{ kg/cm}^2 \qquad \text{für Zug und Druck.}$$

§ 3. Schub (Scherung).

Bei einer Beanspruchung tritt Schub auf, wenn die Kräfte so wirken, daß zwei benachbarte Querschnitte gegeneinander verschoben werden. Die Formel für die Schubfestigkeit wird auf Grund der Annahme aufgestellt, daß sich die Schubkraft P gleichmäßig auf den Querschnitt verteilt:

$$\tau_s = \frac{P}{F}.$$

Diese Formel gibt zu kleine Werte für $\tau_{s\,max}$, da bei jeder Schubbeanspruchung auch ein Biegungsmoment auftritt. Unter Berücksichtigung dieses Umstandes ist

für einen rechteckigen Querschnitt $\tau_{s\,max} = \frac{3}{2}\frac{P}{F}$,

für einen kreisförmigen Querschnitt $\tau_{s\,max} = \frac{4}{3}\frac{P}{F}$,

für einen kreisringförmigen Querschnitt $\tau_{s\,max} = 2\frac{P}{F}$.

$\tau_{s\,max}$ darf $\tau_{s\,zul}$ nicht überschreiten.

§ 4. Festigkeitszahlen.

Proportionalitätsgrenze σ_P ist die Spannung, bis zu der die Dehnungen proportional den Spannungen wachsen.

Streck- resp. Quetschgrenze σ_S ist die Spannung, bei der die Dehnungen unter gleichbleibender Last stark zunehmen.

Die praktische Streckgrenze ist die Spannung mit einer bleibenden Dehnung von 0,2 % der Meßlänge; letztere wird zu

$$l = 11{,}3\sqrt{\text{Probenquerschnitt}}$$

genommen.

Elastizitätsmodul ist der reziproke Wert des Dehnungskoeffizienten α.

Zug- resp. Druckfestigkeit ist die größte mögliche Belastung pro cm² Querschnitt. (Vgl. § 2 „Zug und Druck" und Fig. 4.) (S. Tabelle S. 40 u. 41.)

§ 5. Chemische Zusammensetzung von Gußeisen.

Gußeisen für	C %	Si %	Mn %	P %	S %
Geschirr- und Ofenguß		≈ 3	0,4÷0,8	≧ 1	< 0,1
Röhrenguß			< 1	≧ 1	< 0,12
Gewöhnlicher Handelsguß			0,4	÷ 1	÷ 0,17
Lokomotivzylinder	3,2÷3,57	1÷1,4	0,6÷0,9	0,7÷0,9	< 0,12
Dampf-, Gasmotoren-, Preßzylinder	2,9÷3,2	0,8÷1,5	0,3	0,2÷0,6	< 0,12
Gußformen für Stahlblöcke und gegen Temperaturschwankungen widerstandsfähiger Guß	≈ 3,5	1,6÷2,5	0,8÷1	< 0,1	< 0,1
Walzenguß	2,9÷3,4	0,5÷0,8	0,6÷1,2	< 0,5	< 0,1
Hartguß	3,5÷3,8	0,5÷0,9	0,3÷0,5	0,2÷0,5	0,08÷0,15
(Feuerbeständ. Guß)	(≧ 3,0)				
Dynamoguß	2,95	3,19	0,35	0,89	< 0,12
Säurebeständiger Guß	3,2	1,7	0,8	0,15	0,03÷0,04

§ 6. Zulässige Beanspruchung.

1. Für Maschinenbau.

Unter der zulässigen Beanspruchung versteht man die höchste zulässige Spannung, welche in einer Konstruktion auftreten darf. Die zulässige Beanspruchung liegt noch unterhalb der Elastizitätsgrenze; sie ergibt sich aus der Division der Bruchfestigkeit σ_B mit einem Sicherheitsfaktor s:

$$\sigma_{zul} = \frac{\sigma_B}{s}$$

Fall I: Belastung von $0 \div + \max$ ruhend,
Fall II: Belastung von $0 \div + \max \div 0$ schwellend,
Fall III: Belastung von $0 \div + \max \div 0 \div - \max \div 0$ wechselnd.

2. Für Hochbau.

Übliche Mischungen:

Zement +	Sand +	Kies, Steinschlag =	Beton
1	2	4	4,4
1	3	6	6,6
1	4	8	8,8

Stahl und Eisen. Festigkeit und Sorten.

Benennung	Markenbezeichnung	Festigkeit σ_B kg/mm²	Bruchdehnung δ %	Kohlenstoffgehalt %	Eigenschaften	Verwendung
Flußstahl geschmiedet oder gewalzt	St 00.11	—	—	—	nicht kalt- oder rotbrüchig	untergeordnete Zwecke
	St 37.11	37÷45	20	—	schweißt unzuverlässig	Stab- u. Formstahl, Stahlkonstr.
	St 34.11	34÷42	25	0,12	feuerschweißbar, nicht härtbar	Schrauben, Zapfen, Gestänge
Maschinenbaustahl	St 42.11	42÷50	20	0,25	schwer feuerschweißbar, einsetzbar	niedrig beanspr. Wellen, Kurbeln, Spindeln, Bolzen
	St 50.11	50÷60	18	0,35	kaum feuerschweißbar, nicht einsetzbar	wie St 42.11, höher beanspruchte Maschinenteile
	St 60.11	60÷70	14	0,45	härtbar, vergütbar	wie St 50.11, für sehr hohe Beanspruchung
Flußstahl gewalzt als Formstahl	St 00.12	nicht über 50	—	—	Handelsgüte	Formstähle
	St 37.12	37÷45	20	—	Normalgüte	
	St 42.12	42÷50	20	—	Sondergüte	
Schraubenstahl	St 38.13	38÷45	20	—	Normalgüte	Schrauben
Nietstahl	St 34.13	34÷42	25	—	Normalgüte	Niete, weiche Schrauben
Bleche	St 00.21	—	—	—	keine Gütezahlen gewährleistet	Behälterbleche
	St 37.21	37÷45	20	—	Normalgüte	Baubleche
	St 42.21	42÷50	20	—	Sondergüte	
Einsatzstahl	C 15	50÷65	14	0,11÷0,18	kohlenstoffarm, sehr zähe	Teile m. harter Oberfläche und weichem Kern
	C 22	60÷80	12	0,19÷0,25		
Vergütungsstahl	C 35	50÷60	22	0,32÷0,40	ausgeglüht — durch Härten und Anlassen vergütbar	hochbeanspruchte Teile
		55÷65	20		vergütet	
	C 60	70÷85	14	0,57÷0,65	ausgeglüht	
		75÷90	13		vergütet	

Chromnickel-Einsatzstahl	EN 15	60÷80	15÷8	0,1÷0,17	in Wasser gehärtet 1,5% Ni	Kraftfahrzeugbau
	ECN 35	90÷120	12÷6	0,1÷0,17	in Öl gehärtet 3,5% N i	
Chromnickel-Vergütungsstahl	VCN 15	65÷75	16÷13	0,25÷0,32	1,5% Ni, 0,5% Cr	hochbeanspruchte Teile
	VCN 35	75÷90	14÷10	0,2÷0,27	3,5% Ni, 0,75% Cr	
Einsatz-Chromstahl	15 Cr 3	60÷85	12	0,12÷0,18	bis 0,8 Cr, 0,6 Mn } bis 0,4 Si	mechanisch hochbeanspruchte Teile
	20 MnCr 5	100÷130	8	0,17÷0,22	bis 1,3 Cr, 1,4 Mn } bis 0,4 Si	
Einsatz-Chrom-Molybdänstahl	ECMo 80	90÷110	12÷8	0,13÷0,17	0,8÷1,3% Cr, 0,2÷0,3 Mo	
	ECMo 100	110÷135	9÷5	0,17÷0,22	0,7÷1,1% Mn, 0,35% Si	
Vergütungs-Chrom-Molybdänstahl	VCMo 125	65÷80	16÷12	0,22÷0,29	0,9÷1,2% Cr,	
	VCMo 135	80÷100	12÷8	0,30÷0,37	0,15 + 0,25 % Mo	
	VCMo 140	95÷110	10÷6	0,38÷0,45	0,5÷0,8% Mn, 0,35 % Si	
Stahlguß	Stg 38.81	38	20	—	zähe und schmiedbar	hochbeanspruchte Gußstücke
	StG 60.81	60	8	—	sehr fest, wenig zähe	
	Stg 45.81 S	45	22	—	Sondergüte	Schiffbau
	Stg 45.81D	45	16	—	bes. magn. Eigenschaften	Elektromaschinenbau
Gußeisen	GG 12	12	—	—	gut bearbeitbar	Rohre, Land-, Textil-, Hausmaschinen
	GG 14	14	—	—	gut bearbeitbar mit besonderen Gütevorschriften	wärmebeständige Teile, Dampfarmaturen, Werkzeugmaschinen
	GG 18	18	—	—		
	GG 26	26	—	—		
Temperguß	GTW 35	35	3	—	gewöhnlicher Temperguß	dünne, zähe Gußstücke
	GTW 40	4 0	5	—	hochwertiger Temperguß	

Material	Elastizitätsmodul E kg/cm²	Streckgrenze σ_F kg/mm²	Zugfestigkeit σ_B kg/mm²	Druckfestigkeit σ_{dB} kg/mm²
Flußstahl St 37.11		26	37 ÷ 45	26
Flußstahl St 50.11		27	50 ÷ 60	27
Flußstahl St 52		34	52 ÷ 64	34
Vergütungsstahl C 45	2 000 000 ÷ 2 150 000	39 ÷ 47	65 ÷ 75	39 ÷ 47
Vergütungsstahl VCN 35		66 ÷ 78	90 ÷ 105	66 ÷ 78
Federstahl MnSi		65 ÷ 115	90 ÷ 135	65 ÷ 115
Stahlguß		22	45	22
Gußeisen GG 12	7 500 ÷ 40 000		12	(60)
Temperguß	17 000	19 ÷ 21	35 ÷ 38	19 ÷ 21
Kupfer gegossen	—	—	15 ÷ 20	—
Kupfer hart gezogen	1 150 000	—	35 ÷ 45	—
Messing Ms 63 gegossen	800 000	—	15	—
Rotguß Rg 10 gegossen	900 000	—	20	—
Zinnbronze gegossen	1 200 000	—	15 ÷ 20	—
Manganbronze gegossen	900 000 ÷ 1 200 000	—	30 ÷ 35	—
Aluminium rein	720 000	—	7 ÷ 14	—
Duraluminium weich	690 000	—	16 ÷ 22	—
Duraluminium ausgehärtet	720 000	—	34 ÷ 52	—
Aluminiumbronze weich	—	—	30 ÷ 38	—
Aluminiumbronze hart	—	—	42 ÷ 56	—
Magnesium	410 000	—	20	27
Magnalium gegossen	430 000	—	16 ÷ 20	30
Magnalium gewalzt	450 000	—	27 ÷ 33	35 ÷ 38
Zink	1 300 000	—	15	10
Zinn	415 000	—	2,75	—
Blei	170 000	—	1,1 ÷ 1,9	—
Hartblei	—	—	6 ÷ 10	—
Weißmetall (90 Pb, 10 Sb)	267 000 ÷ 273 000	1,5 ÷ 2,2	5	11,9
Weißmetall (80 Pb, 15 Sb, 5 Sn)	275 000 ÷ 297 000	1,3 ÷ 1,6	4	11
Deltametall 59 Cu, 40 Zn, 1 Sn gegossen	1 050 000	12 ÷ 31	39 ÷ 60	—
Deltametall 59 Cu, 40 Zn, 1 Sn geschmiedet	1 050 000	16 ÷ 19	42 ÷ 45	—
Monelmetall	660 000	—	44	—

Jenaer Glas	780000	—	2,29	27,8
Papierstoff	—	—	—	15
Kiefer	95000	—	10÷19	5÷8
Eiche	105000	—	9÷18	5÷6
Fichte	100000	—	9÷24	5÷7
Bucne	175000	—	11÷20	7÷8
Sandstein	100000÷500000	—	—	12÷20
Tuff	—	—	—	2÷3
Granit	400000÷600000	—	—	16÷24
Basalt	520000÷1115000	—	—	25÷40
Basaltlava	310000÷350000	—	—	8÷15
Bruchstein	—	—	—	3÷10
Kalkstein	600000÷820000	—	—	8÷18
Beton (28 Tage)	200000÷400000	—	—	0,8÷2,5
Ziegelsteine	93000	—	2	1,5÷3
Ziegelmauerwerk	—	—	—	1,4
Kalkmörtel	—	—	—	0,4
Zement	250000	—	—	3÷6
Zementmörtel	200000÷350000	—	—	1,6÷3,5
Stahldraht, gezogen	2000000	—	56—70	—
Stahldraht, geglüht	2000000	—	40	—
Tiegelstahldraht	2150000	—	90÷190	—
Bessemerstahldraht	—	—	65	—
Zinkdraht	150000	—	19	—
Kupferdraht	1300000	—	40	—
Messingdraht	1000000	—	50	—
Aluminiumdraht	—	—	23÷27	—
Bronzedraht	—	—	46÷71	—
Siliziumbronzedraht	—	—	65÷85	—
Tantaldraht gezogen	—	—	600÷700	—
Wolframdraht gezogen	—	—	420	—
Molybdändraht gezogen	—	—	220	—
Lederriemen, neu	1250	—	2,5÷4,5	—
Hanfseil	6000÷15000	—	12÷13,5	—
Preßharz	—	—	20÷28	—

Zulässige Beanspruchungen.

Werkstoff	Zug σ_{zul} kg/cm²			Druck σ_{zul} kg/cm²			Biegung σ_{zul} kg/cm²			Schub τ_{zul} kg/cm²			Drehung τ_{zul} kg/cm²		
	I	II	III	I	II	III	I	II	III	I	II	III	I	II	III
Schweißstahl ...	900	540	450	900	540	450	900	540	450	720	430	360	360	220	180
schmiedbarer Stahl St 37	900 ÷ 1500	540 ÷ 900	450 ÷ 750	900 ÷ 1500	540 ÷ 900	450 ÷ 750	900 ÷ 1500	540 ÷ 900	450 ÷ 750	720 ÷ 1200	430 ÷ 720	360 ÷ 600	600 ÷ 1200	360 ÷ 720	300 ÷ 600
Flußstahl St 50	1200 ÷ 1800	720 ÷ 1080	600 ÷ 900	1200 ÷ 1800	720 ÷ 1080	600 ÷ 900	1200 ÷ 1800	720 ÷ 1080	600 ÷ 900	960 ÷ 1440	580 ÷ 860	480 ÷ 720	900 ÷ 1440	540 ÷ 860	450 ÷ 720
Stahlguß	600 ÷ 1200	360 ÷ 720	300 ÷ 600	900 ÷ 1500	540 ÷ 900	450 ÷ 800	750 ÷ 1200	450 ÷ 720	375 ÷ 600	480 ÷ 960	290 ÷ 580	240 ÷ 480	480 ÷ 960	290 ÷ 580	240 ÷ 480
Gußeisen.......	300	180	150	900	540	200	500	350	250	300	180	180	300	200	180
Esche		110			66			—			—				
Eiche		105			100			110			20				
Buche		105			100			110			20				
Kiefer		90			80			90			12				
Tanne		60			80			90			12				
Basalt					60										
Basaltlava......					20										
Granit					50										
Sandstein					15 ÷ 30										
Marmor					25										
Beton..........					35										
Ziegelmauerwerk in Zementmörtel..........					10 ÷ 35										
Ziegelmauerwerk oder Kalksteinmauerwerk in Kalkmörtel ..					7 ÷ 18										

Zulässige Beanspruchungen im Hochbau.

Material	Zug kg/cm²	Druck kg/cm²	Biegung kg/cm²	Abscherung kg/cm²	Lochleibungsdruck kg/cm²
Flußstahl, Träger (Decken u. Treppen	1200	1200	1200	1000	2000
Flußstahl, Stützen ..	1200	1200	1200	1000	2000
Flußstahl, Stützen (bei genauer Berechnung der ungünstigsten Kantenpressung)......	1400	1400	1400	1000	2000
Flußstahl, Dächer, Wände	1200	1200	1200	1000	2000
Flußstahl, Dächer, Wände (bei gleichzeitigem Eintritt von größter Spannung und ungünstigster Wirkung von Nutzlast, Eigenlast, Wind- und Schneedruck).....	1400	1400	1400	1000	2000
Flußstahl, wie vorher (jedoch bei genauer Berechnung und Durchbildung)....	1600	1600	1600	—	—
Flußstahl, Anker ...	800	—	—	—	—
Flußstahl, Stäbe (Eisenbeton)	1000	1000	—	—	—
Schweißstahl	—	10%	weniger	—	—
Gußeisen, Auflager ..	—	1000	—	—	—
Gußeisen, Säulen ...	—	500	250	200	—
Stahlformguß.......	—	—	1200	—	—
Schmiedestahl	1400	1400	1400	—	—
Zinkblech	(200)	(200)	(150)	—	—
Eiche und Buche ..	100(÷120)	80(÷100)	100(÷120)	{15(÷20) ∥ Faser}	
Kiefer	100(÷120)	60(÷ 80)	100(÷120)	{80(÷90) ⊥ Faser}	
Tanne	(60)	(50)	—	{10(÷15) ∥ Faser}	
Rottanne	—	(80)	—	{(60÷70) ⊥ Faser}	
Esche	(100÷120)	(66)	—		
Hartholz	(200)	(160)	(200)	(30 ⊥ Faser)	
Granit, Auflager	—	60(÷90)			
Granit, Pfeiler, Gewölbe............	—	45(÷60)			
Granit, Pfeiler, Säulen (sehr schlank).	—	25(÷30)			
Sandstein, Auflager.	—	30(÷50)			
Sandstein, Pfeiler, Gewölbe	—	25(÷30)			
Sandstein, Pfeiler, Säulen (sehr schlank)	—	15(÷20)			

Material	Zug kg/cm²	Druck kg/cm²
Kalkstein und Marmor, Auflager	—	30(÷40)
Kalkstein und Marmor, Pfeiler, Gewölbe	—	20(÷30)
Kalkstein und Marmor, Pfeiler, Säulen (sehr schlank)	—	12(÷15)
Ziegelmauerwerk in Kalkmörtel 1 : 3	—	÷7
Hartbrandziegel-Mauerwerk in Kalkzementmörtel 1:2:7	—	12÷15
Klinkermauerwerk in Zementmörtel 1 : 3	—	20÷30
Poröses Ziegelmauerwerk	—	3÷6
Schwemmsteinmauerwerk	—	÷3
Kalksteinmauerwerk in Kalkmörtel 1 : 3	—	÷7
Kalksteinmauerwerk in Kalkzementmörtel 1 : 2 : 7	—	12÷15
Bruchsteinmauerwerk in Kalkmörtel	—	÷5
Fundamentmauern aus geschüttetem Beton	—	6÷8
Fundamentmauern aus gestampftem Beton	—	10÷15
Guter Baugrund	—	3÷4

§ 7. Trägheitsmomente und Widerstandsmomente.

1. Trägheitsmomente.

Das Trägheitsmoment einer ebenen Fläche bezogen auf eine beliebige Drehachse ist die Summe der Produkte aus den Flächenteilchen df und dem Quadrat ihres Abstandes r von der betreffenden Achse:

$$J = \int r^2 \, df.$$

Liegt die Achse in der Ebene, so spricht man von einem äquatorialen Trägheitsmoment J (s. ‚Biegung‘); liegt sie senkrecht zur Ebene, so hat man ein polares Trägheitsmoment J_p (s. ‚Verdrehung‘).

Es ist das polare Trägheitsmoment J_p gleich der Summe zweier äquatorialer J_x und J_y, deren Achsen sich im Pol 0 rechtwinklig schneiden, d. h. im Durchdringungspunkt der zur Querschnittsebene senkrechten Achse mit dieser. Fig. 5.

$$J_p = \int r^2\, d f = \int x^2\, d f + \int y^2\, d f = J_x + J_y.$$

Denkt man sich die ganze Masse eines Körpers als einen Ring vom Durchmesser D mit dem Gewicht G, so ist

$$J = \frac{G}{g} \frac{D^2}{4} \quad \text{oder} \quad G D^2 = 4 g J .$$

Den Wert $G D^2$ nennt man das Schwungmoment des Körpers.

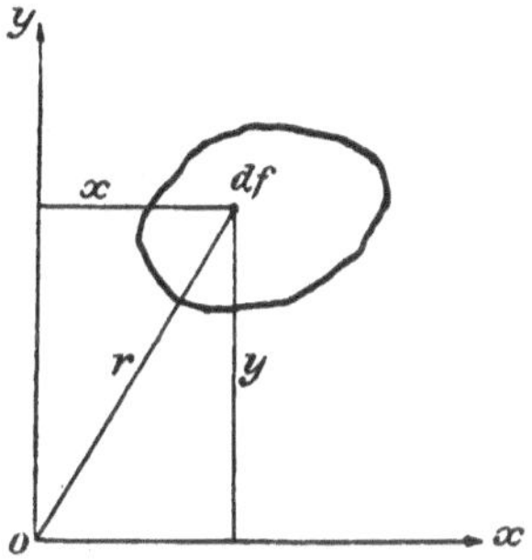

Fig. 5.

2. Widerstandsmomente.

Das Widerstandsmoment W ist gleich dem Trägheitsmoment (J bei Biegung, J_p bei Verdrehung) dividiert durch den Abstand e der äußersten Faser von der neutralen Achse (Nullachse) (s. „Biegung“ und „Verdrehung“).

Also

$$W = \frac{J}{e} \quad \text{bei Biegungsbeanspruchung,}$$

$$W_t = \frac{J_p}{e} \quad \text{bei Verdrehungsbeanspruchung.}$$

Querschnitt	Äquatoriales Trägheitsmoment J cm⁴	Widerstandsmoment W cm³
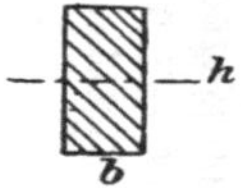	$\frac{b\,h^3}{12}$	$\frac{b\,h^2}{6}$
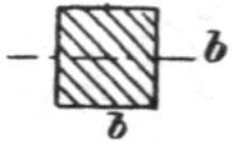	$\frac{b^4}{12}$	$\frac{b^3}{6}$
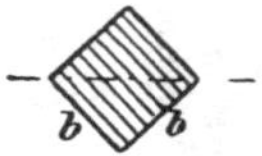	$\frac{b^4}{12}$	$0{,}1179\,b^3$
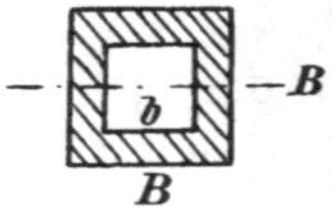	$\frac{B^4 - b^4}{12}$	$\frac{1}{6}\,\frac{B^4 - b^4}{B}$
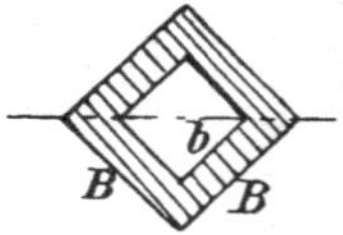	$\frac{B^4 - b^4}{12}$	$0{,}1179\,\frac{B^4 - b^4}{B}$

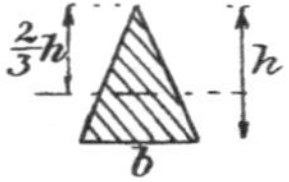	$\frac{b\,h^3}{36}$	$\frac{b\,h^2}{24}$
	$0{,}5413\ R^4$	$\frac{5}{8}\ R^3$
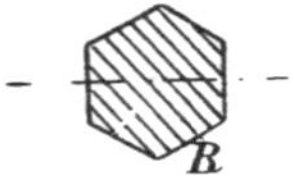	$0{,}5413\ R^4$	$0{,}5413\ R^3$
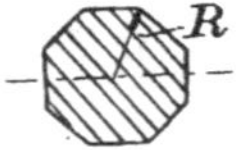	$0{,}6381\ R^4$	$0{,}6906\ R^3$
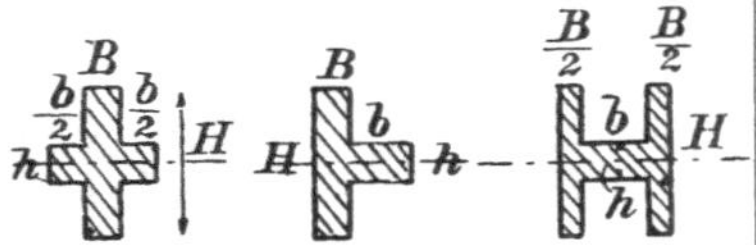	$\frac{B\,H^3 + b\,h^3}{12}$	$\frac{B\,H^3 + b\,h^3}{6\,H}$

Querschnitt	Äquatoriales Trägheitsmoment J cm⁴	Widerstandsmoment W cm
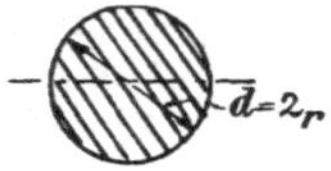	$\frac{\pi d^4}{64} = \frac{\pi r^4}{4} \approx 0{,}05\, d^4$	$\frac{\pi d^3}{32} = \frac{\pi r^3}{4} \approx 0{,}1\, d^3$
	$\frac{\pi}{64}(D^4 - d^4) = \frac{\pi}{4}(R^4 - r^4)$	$\frac{\pi}{32} \frac{D^4 - d^4}{D} = \frac{\pi}{4} \frac{R^4 - r^4}{R} \approx 0{,}8\, d_m^2\, s$
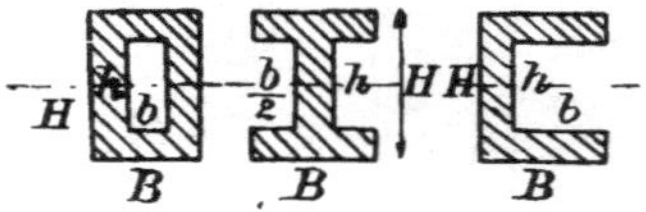	$\frac{BH^3 - bh^3}{12}$	$\frac{BH^3 - bh^3}{6H}$
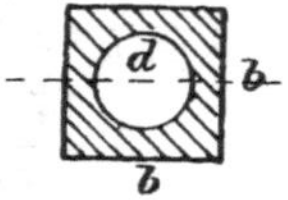 Fig. 6—23.	$\frac{1}{12}\left(b^4 - \frac{3\pi}{16} d^4\right)$	$\frac{1}{6b}\left(b^4 - \frac{3\pi}{16} d^4\right)$

§ 8. Normalprofile
DIN 1028.

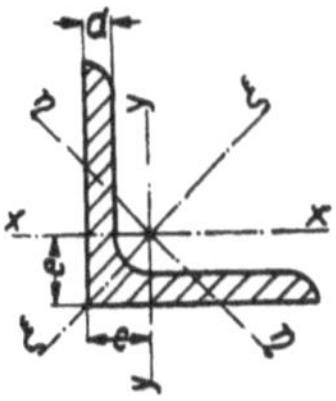

Fig. 24.

1. Gleichschenkliger L-Stahl.
Regellängen 3 ÷ 15 m.

Profil	Breite b mm	Stärke d mm	Querschnitt cm²	Gewicht kg/m	Schwerpunktsabstand e mm	J_ξ (max) cm⁴	J_η (min) cm⁴
15	15	3	0,82	0,64	4,8	0,24	0,06
		4	1,05	0,82	5,1	0,29	0,08
20	20	3	1,12	0,88	6,0	0,62	0,15
		4	1,45	1,14	6,4	0,77	0,19
25	25	3	1,42	1,12	7,3	1,27	0,31
		4	1,85	1,45	7,6	1,61	0,40
		5	2,26	1,77	8,0	1,87	0,50
30	30	3	1,74	1,36	8,4	2,24	0,57
		4	2,27	1,78	8,9	2,85	0,76
		5	2,78	2,18	9,2	3,41	0,91
35	35	4	2,67	2,10	10,0	4,68	1,24
		6	3,87	3,04	10,8	6,50	1,77
40	40	4	3,08	2,42	11,2	7,09	1,86
		5	3,79	2,97	11,6	8,64	2,22
		6	4,48	3,52	12,0	9 98	2,67
45	45	5	4,30	3,38	12,8	12,4	3,25
		7	5,86	4,60	13,6	16,4	4,39
50	50	5	4,80	3,77	14,0	17,4	4,59
		6	5,69	4,47	14,5	20,4	5,24
		7	6,56	5,15	14,9	23,1	6,02
		9	8,24	6,47	15,6	28,1	7,67
55	55	6	6,31	4,95	15,6	27,4	7,24
		8	8,23	6,46	16,4	34,8	9,35
		10	10,1	7,90	17,2	41,4	11,3
60	60	6	6,91	5,42	16,9	36,1	9,43
		8	9,03	7,09	17,7	46,1	12,1
		10	11,1	8,69	18,5	55,1	14,6
65	65	7	8,70	6,83	18,5	53,0	13,8
		9	11,0	8,62	19,3	65,4	17,2
		11	13,2	10,3	20,0	76,8	20,7

Profil	Breite b mm	Stärke d mm	Querschnitt cm^2	Gewicht kg/m	Schwerpunktsabstand e mm	J_ξ (max) cm^4	J_η (min) cm^4
70	70	7	9,40	7,38	19,7	67,1	17,6
		9	11,9	9,34	20,5	83,1	22,0
		11	14,3	11,2	21,3	97,6	26,0
75	75	7	10,1	7,94	20,9	83,6	21,1
		8	11,5	9,03	21,3	93,3	24,4
		10	14,1	11,1	22,1	113	29,8
		12	16,7	13,1	22,9	130	34,7
80	80	8	12,3	9,66	22,6	115	29,6
		10	15,1	11,9	23,4	139	35,9
		12	17,9	14,1	24,1	161	43,0
		14	20,6	16,1	24,8	181	48,6
90	90	9	15,5	12,2	25,4	184	47,8
		11	18,7	14,7	26,2	218	57,1
		13	21,8	17,1	27,0	250	65,9
		16	26,4	20,7	28,1	294	79,1
100	100	10	19,2	15,1	28,2	280	73,3
		12	22,7	17,8	29,0	328	86,2
		14	26,2	20,6	29,8	372	98,3
		20	36,2	28,4	32,0	488	134
110	110	10	21,2	16,6	30,7	379	98,6
		12	25,1	19,7	31,5	444	116
		14	29,0	22,8	32,1	505	133
120	120	11	25,4	19,9	33,6	541	140
		13	29,7	23,3	34,4	625	162
		15	33,9	26,6	35,1	705	186
		20	44,2	34,7	37,0	887	236
130	130	12	30,0	23,6	36,4	750	194
		14	34,7	27,2	37,2	857	223
		16	39,3	30,9	38,0	959	251
140	140	13	35,0	27,5	39,2	1010	262
		15	40,0	31,4	40,0	1150	298
		17	45,0	35,3	40,8	1280	334
150	150	14	40,3	31,6	42,1	1340	347
		16	45,7	35,9	42,9	1510	391
		18	51,0	40,1	43,6	1670	438
160	160	15	46,1	36,2	44,9	1750	453
		17	51,8	40,7	45,7	1950	506
		19	57,5	45,1	46,5	2140	558
180	180	16	55,4	43,5	50,2	2690	679
		18	61,9	48,6	51,0	2970	757
		20	68,4	53,7	51,8	3260	830
200	200	16	61,8	48,5	55,2	3740	943
		18	69,1	54,3	56,0	4150	1050
		20	76,4	59,9	56,8	4540	1160

2. Ungleichschenkliger L-Stahl DIN 1029.

Regellängen 3 ÷ 15 m.

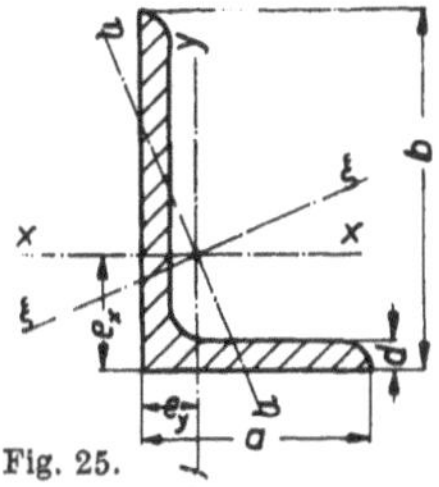

Fig. 25.

Profil	Breite a mm	Breite b mm	Stärke d mm	Querschnitt cm²	Gewicht kg/m	Schwerpunktsabstand e_y mm	Schwerpunktsabstand e_x mm	tg α	J_ξ (max) cm⁴	J_η (min) cm⁴
20/30	20	30	3	1,42	1,11	5,0	9,0	0,431	1,43	0,25
			4	1,85	1,45	5,4	10,3	0,423	1,81	0,33
			5	2,26	1,77	5,8	10,7	0,412	2,15	0,40
20/40	20	40	3	1,72	1,35	4,4	14,3	0,259	2,96	0,30
			4	2,25	1,77	4,8	14,7	0,252	3,79	0,39
30/40	30	40	3	2,19	1,72	7,0	14,3	0,441	5,17	0,91
			4	2,87	2,25	7,4	14,8	0,436	6,65	1,18
			5	3,53	2,77	7,8	15,2	0,430	8,02	1,44
30/60	30	60	5	4,29	3,37	6,8	21,5	0,256	16,5	1,69
			7	5,85	4,59	7,6	22,4	0,248	21,8	2,28
40/50	40	50	3	2,63	2,06	9,9	14,8	0,632	8,46	1,89
			4	3,46	2,71	10,3	15,2	0,629	10,9	2,46
			5	4,27	3,35	10,7	15,6	0,625	13,3	3,02
40/60	40	60	5	4,79	3,76	9,7	19,6	0,437	19,8	3,50
			6	5,68	4,46	10,1	20,0	0,433	23,1	4,12
			7	6,55	5,14	10,5	20,4	0,429	26,3	4,73
40/80	40	80	4	4,69	3,68	8,0	27,6	0,265	33,0	3,38
			6	6,89	5,41	8,8	28,5	0,259	47,6	4,90
			8	9,01	7,07	9,5	29,4	0,253	60,9	6,41
50/65	50	65	5	5,54	4,35	12,5	19,9	0,583	28,8	6,21
			7	7,60	5,97	13,0	20,7	0,574	38,4	8,37
			9	9,58	7,52	14,1	21,5	0,567	47,0	10,5
50/100	50	100	6	8,73	6,85	10,4	34,9	0,263	95,2	9,78
			8	11,5	8,99	11,3	35,9	0,258	123	12,6
			10	14,1	11,1	12,0	36,7	0,252	149	15,5
55/75	55	75	5	6,30	4,95	13,3	23,1	0,530	43,1	8,68
			7	8,66	6,80	14,1	27,0	0,525	57,9	11,8
			9	10,9	8,59	14,8	24,7	0,518	71,3	14,8
60/90	60	90	6	8,69	6,82	14,1	28,9	0,442	82,8	14,6
			8	11,4	8,96	14,9	29,7	0,437	107	19,0
			10	14,1	11,0	15,6	30,5	0,431	129	23,1
65/75	65	75	6	8,11	6,37	17,0	21,9	0,740	60,2	14,4
			8	10,6	8,34	17,8	22,8	0,736	77,3	18,8
			10	13,1	10,3	18,6	23,5	0,732	92,7	23,0
65/80	65	80	6	8,41	6,60	16,5	23,9	0,649	68,5	15,6
			8	11,0	8,66	17,3	24,7	0,645	88,0	20,3
			10	13,6	10,7	18,1	25,5	0,640	106	24.8
			12	16,0	12,6	18,8	26,3	0,634	122	29,2

Profil	Breite a mm	Breite b mm	Stärke d mm	Querschnitt cm²	Gewicht kg/m	Schwerpunktsabstand e_y mm	Schwerpunktsabstand e_x mm	tg α	J_ξ (max) cm⁴	J_η (min) cm⁴
65/100	65	100	7	11,2	8,77	15,1	32,3	0,419	128	21,6
			9	14,2	11,1	15,9	33,2	0,415	160	27,2
			11	17,1	13,4	16,7	34,0	0,410	190	32,6
65/115	65	115	6	10,5	8,25	13,8	38,5	0,327	158	21,1
			8	13,8	10,9	14,6	39,4	0,324	205	27,4
			10	17,1	13,4	15,4	40,2	0,321	249	33,2
65/130	65	130	8	15,1	11,9	13,7	45,6	0,263	280	28,6
			10	18,6	14,6	14,5	46,5	0,259	340	35,0
			12	22,1	17,3	15,3	47,4	0,255	397	41,2
75/90	75	90	7	11,1	8,74	19,3	26,7	0,683	117	27,1
			9	14,1	11,1	20,1	27,6	0,679	140	34,1
			11	17,0	13,4	20,9	28,3	0,675	171	40,9
75/100	75	100	7	11,9	9,32	18,3	30,6	0,553	145	20,1
			9	15,1	11,8	19,1	31,5	0,549	181	37,8
			11	18,2	14,3	19,9	32,3	0,545	214	45,4
75/130	75	130	8	15,9	12,5	16,5	43,6	0,339	303	41,3
			10	19,6	15,4	17,3	44,5	0,336	369	50,6
			12	23,3	18,3	18,1	45,3	0,332	432	59,6
75/150	75	150	9	19,5	15,3	15,7	52,8	0,265	484	50,0
			11	23,6	18,6	16,5	53,7	0,261	578	59,8
			13	27,7	21,7	17,3	54,5	0,258	668	69,4
75/170	75	170	10	23,7	18,6	15,2	62,1	0,214	739	58,5
			12	28,1	22,1	16,0	63,0	0,210	868	68,9
			14	32,5	25,5	16,8	63,9	0,207	992	79,0
			16	36,8	28,9	17,6	64,7	0,204	1110	88,8
80/120	80	120	8	15,5	12,2	18,7	38,3	0,441	261	45,8
			10	19,1	15,0	19,5	39,2	0,438	318	56,1
			12	22,7	17,8	20,3	40,0	0,433	371	66,1
			14	26,2	20,5	21,0	40,8	0,429	421	75,8
90/110	90	110	9	17,3	13,6	23,2	33,0	0,652	204	62,2
			11	20,9	16,4	24,0	33,8	0,650	315	74,3
			13	24,5	19,2	24,8	34,6	0,648	362	86,0
90/130	90	130	10	21,2	16,6	21,8	41,5	0,472	420	78,5
			12	25,1	19,7	22,6	42,4	0,468	492	92,6
			14	29,0	22,8	23,4	43,2	0,465	560	106
90/150	90	150	10	23,0	18,2	20,3	49,9	0,363	591	87,3
			12	27,5	21,6	21,1	50,8	0,360	694	102
			14	31,8	25,0	21,9	51,6	0,357	792	118
90/250	90	250	10	33,2	26,0	15,7	94,9	0,156	2220	113
			12	39,5	31,0	16,5	95,9	0,154	2630	133
			14	45,8	36,0	17,4	96,8	0,152	3020	152
			16	52,0	40,8	18,2	97,7	0,150	3400	172
100/150	100	150	10	24,2	19,0	23,4	48,0	0,442	637	112
			12	28,7	22,6	24,2	48,9	0,439	749	132
			14	33,2	26,1	25,0	49,7	0,435	856	152
100/200	100	200	10	29,2	23,0	20,1	69,3	0,266	1300	133
			12	34,8	27,3	21,0	70,3	0,264	1530	158
			14	40,3	31,6	21,8	71,2	0,262	1760	181
			16	45,7	35,9	22,6	72,0	0,259	1970	204
			18	51,0	40,0	23,4	72,9	0,256	2180	227

3. I-Stahl. DIN 1025.

Regellängen 4 ÷ 15 m.

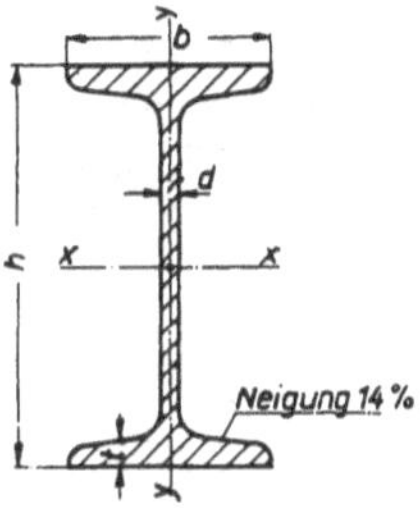

Fig. 26.

Profil	Höhe h mm	Breite b mm	Stegstärke d mm	Flanschstärke t mm	Querschnitt cm²	Gewicht kg/m	J_y cm⁴	J_x cm⁴	W_y cm³	W_x cm³
8	80	42	3,9	5,9	7,57	5,95	6,3	77,7	2,99	19,4
10	100	50	4,5	6,8	10,6	8,33	12,2	170	4,86	34,1
12	120	58	5,1	7,7	14,2	11,1	21,4	327	7,38	54,5
14	140	66	5,7	8,6	18,2	14,3	35,2	572	10,7	81,7
16	160	74	6,3	9,5	22,8	17,9	54,5	933	14,7	117
18	180	82	6,9	10,4	27,9	21,9	81,3	1444	19,8	161
20	200	90	7,5	11,3	33,4	26,2	117	2139	25,9	214
22	220	98	8,1	12,2	39,5	31,0	163	3055	33,3	278
24	240	106	8,7	13,1	46,1	36,2	220	4239	41,6	353
26	260	113	9,4	14,1	53,3	41,8	287	5735	50,6	441
28	280	119	10,1	15,2	61,0	47,9	363	7575	60,8	541
30	300	125	10,8	16,2	69,0	54,2	449	9785	71,9	652
32	320	131	11,5	17,3	77,7	61,0	554	12493	84,6	781
34	340	137	12,2	18,3	86,7	68,1	672	15670	98,1	922
36	360	143	13,0	19,5	97,0	76,2	817	19576	114	1088
38	380	149	13,7	20,5	107	84,0	972	23978	131	1262
40	400	155	14,4	21,6	118	92,6	1160	29173	150	1459
42½	425	163	15,3	23,0	132	104	1433	36956	176	1739
45	450	170	16,2	24,3	147	115	1722	45888	203	2040
47½	475	178	17,1	25,6	163	128	2084	56410	234	2375
50	500	185	18,0	27,0	179	141	2470	68736	267	2750
55	550	200	19,0	30,0	212	166	3486	99054	349	3602
60	600	215	21,6	32,4	254	199	4668	138957	434	4632

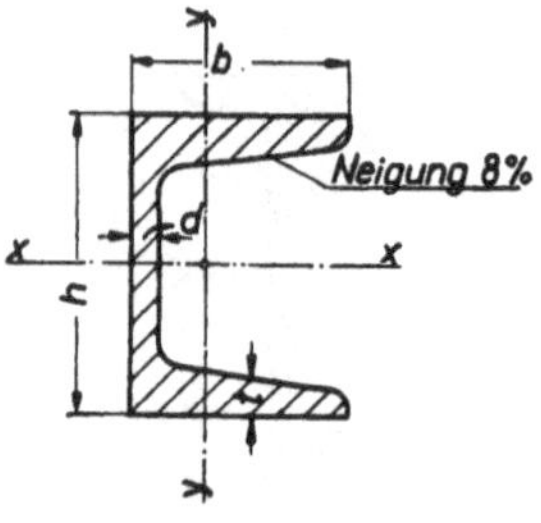

Fig. 27.

4. [-Stahl. DIN 1026.

Regellängen 4 ÷ 15 m.

Profil	Höhe h mm	Breite b mm	Stegstärke d mm	Flanschstärke t mm	Querschnitt cm²	Gewicht kg/m	Schwerpunktsabstand mm	J_y cm⁴	J_x cm⁴	W_x cm³
3	30	33	5	7	5,44	4,27	13,1	5,33	6,39	4,3
4	40	35	5	7	6,21	4,88	13,3	6,68	14,1	7,1
5	50	38	5	7	7,12	5,59	13,7	9,12	26,4	10,6
6½	65	42	5,5	7,5	9,03	7,10	14,2	14,1	57,5	17,7
8	80	45	6	8	11,0	8,66	14,5	19,4	106	26,5
10	100	50	6	8,5	13,5	10,6	15,5	29,3	206	41,1
12	120	55	7	9	17,0	13,3	16,0	43,2	364	60,7
14	140	60	7	10	20,4	16,0	17,5	62,7	605	86,4
16	160	65	7,5	10,5	24,0	18,8	18,4	85,3	925	116
18	180	70	8	11	28,0	22,0	19,2	114	1354	150
20	200	75	8,5	11,5	32,2	25,3	20,1	148	1911	191
22	220	80	9	12,5	37,4	29,4	21,4	197	2690	245
24	240	85	9,5	13	42,3	33,2	22,3	248	3598	300
26	260	90	10	14	48,3	37,9	23,6	317	4823	371
28	280	95	10	15	53,3	41,8	25,3	399	6276	450
30	300	100	10	16	58,8	46,2	27,0	495	8026	535
32	320	100	14	17,5	75,8	59,5	26,0	597	10870	679
35	350	100	14	16	77,3	60,6	24,0	570	12840	734
38	380	102	13,34	16	79,7	62,6	23,5	613	15730	826
40	400	110	14	18	91,5	71,8	26,5	846	20350	1020

5. ⊥-Stahl. DIN 1024.

Regellängen
3 ÷ 12 m.

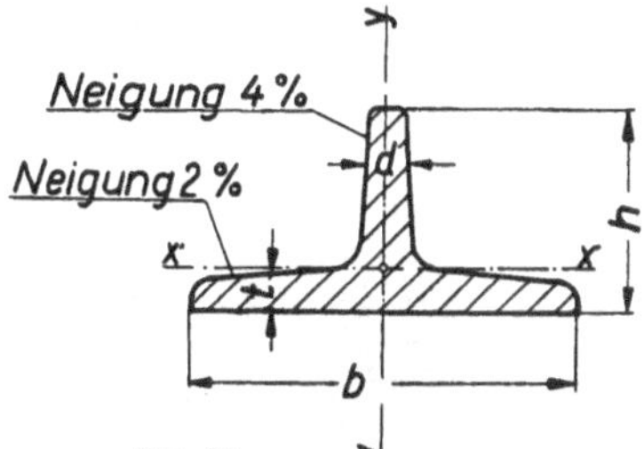

Fig. 28.

Profil	Breite b mm	Höhe h mm	Stärke d mm	Querschnitt cm²	Gewicht kg/m	Schwerpunktsabstand mm	J_x cm⁴	J_y cm⁴
Breitfüßige Eisen $h:b = 1:2$								
6/3	60	30	5,5	4,64	3,64	6,7	2,58	8,62
7/3½	70	35	6	5,94	4,66	7,7	4,49	15,1
8/4	80	40	7	7,91	6,21	8,8	7,81	28,5
9/4½	90	45	8	10,2	7,98	10,0	12,7	46,1
10/5	100	50	8,5	12,0	9,42	10,9	18,7	67,7
12/6	120	60	10	17,0	13,3	13,0	38,0	137
14/7	140	70	11,5	22,8	17,9	15,1	68,9	258
16/8	160	80	13	29,5	23,2	17,2	117	422
18/9	180	90	14,5	37,0	29,0	19,3	185	670
20/10	200	100	16	45,4	35,6	21,4	277	1000
Hochstegige Eisen $h:b = 1:1$								
1½/1½	15	15	3	0,82	0,65	4,6	0,15	0,08
2/2	20	20	3	1,12	0,88	5,8	0,38	0,20
2½/2½	25	25	3,5	1,64	1,29	7,3	0,87	0,43
3/3	30	30	4	2,26	1,77	8,5	1,72	0,87
3½/3½	35	35	4,5	2,97	2,33	9,9	3,10	1,57
4/4	40	40	5	3,77	2,96	11,2	5,28	2,58
4½/4½	45	45	5,5	4,67	3,66	12,6	8,13	4,01
5/5	50	50	6	5,66	4,45	13,9	12,1	6,06
6/6	60	60	7	7,94	6,23	16,6	23,8	12,2
7/7	70	70	8	10,6	8,32	19,4	44,5	22,1
8/8	80	80	9	13,6	10,7	22,2	73,7	37,0
9/9	90	90	10	17,1	13,4	24,8	119	58,5
10/10	100	100	11	20,9	16,4	27,4	179	88,3
12/12	120	120	13	29,6	23,2	32,8	366	178
14/14	140	140	15	39,9	31,3	38,0	660	330
16/16	160	160	15	45,8	35,9	42,0	1010	490
18/18	180	180	18	61,7	48,5	48,0	1720	857

6. Z-Stahl. DIN 1027

Regellängen
$3 \div 10$ m.

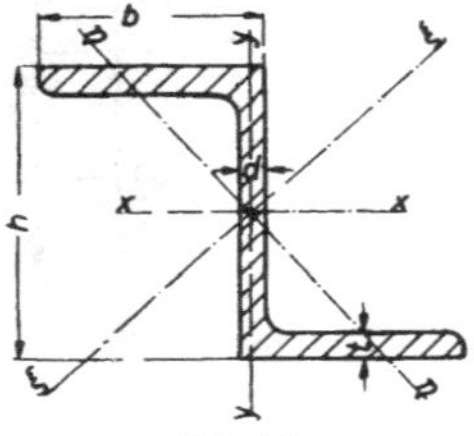

Fig. 29.

Profil	Höhe h mm	Breite b mm	Stegstärke d mm	Flanschstärke t mm	Querschnitt cm²	Gewicht kg/m	tg α	J_ξ (max) cm⁴	J_η (min) cm⁴
3	30	38	4	4,5	4,32	3,39	1,655	18,1	1,54
4	40	40	4,5	5	5,43	4,26	1,181	28,0	3,05
5	50	43	5	5,5	6,77	5,31	0,939	44,9	5,23
6	60	45	5	6	7,91	6,21	0,779	67,2	7,60
8	80	50	6	7	11,1	8,73	0,588	142	14,7
10	100	55	6,5	8	14,5	11,4	0,492	270	24,6
12	120	60	7	9	18,2	14,3	0,433	470	37,7
14	140	65	8	10	22,9	18,0	0,385	768	56,4
16	160	70	8,5	11	27,5	21,6	0,357	1184	79,5
18	180	75	9,5	12	33,3	26,1	0,329	1759	110
20	200	80	10	13	38,7	30,4	0,313	2509	147

7. Belagstahl. DIN 1023.

Größte Längen $12 \div 16$ m.

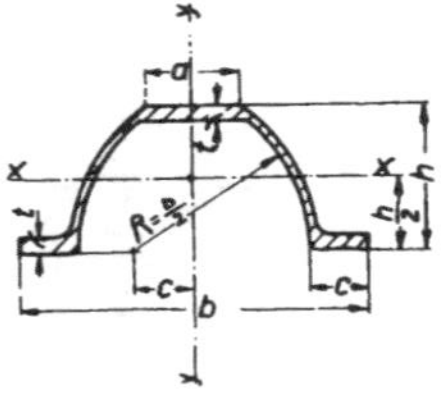

Fig. 30.

Profil	Höhe h mm	Breite a mm	Breite b mm	Breite c mm	Stegstärke d mm	Stärke t mm	Querschnitt cm²	Gewicht kg/m	J_y cm⁴	J_x cm⁴	W_x cm³
43	43	30	110	15	3	3,5	5,01	3,93	55,6	12,1	5,21
60	60	38	140	24	3,5	6	9,34	7,32	164	47,2	15,6
75	75	45,5	170	28,5	4	7	13,2	10,4	347	105	28,1
90	90	53	200	33	4,5	8	17,9	14,1	651	207	46,1
110	110	63	240	39	5	9	24,2	19,0	1270	420	75,9

8. Breitflanschiger I-Stahl

Größte Längen 17 ÷ 20 m.

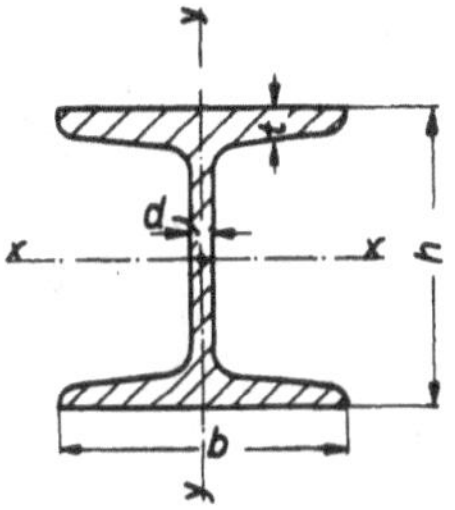

Fig. 31.

Profil	Höhe h mm	Breite b mm	Stegstärke d mm	Flanschstärke t mm	Querschnitt cm²	Gewicht kg/m	J_y cm⁴	J_x cm⁴	W_y cm³	W_x cm³
16	160	160	9	14	58,4	45,8	958	2630	120	329
18	180	180	9	14	65,8	51,6	1360	3830	151	426
20	200	200	10	16	82,7	64,9	2140	5950	214	595
22	220	220	10	16	91,1	71,5	2840	8050	258	732
24	240	240	11	18	111	87,4	4150	11690	346	974
26	260	260	11	18	121	94,8	5280	15050	406	1160
28	280	280	12	20	144	113	7320	20720	523	1480
30	300	300	12	20	154	121	9010	25760	600	1720
32	320	300	13	22	171	135	9910	32250	661	2020
34	340	300	13	22	174	137	9910	36940	661	2170
36	360	300	14	24	192	150	10810	45120	721	2510
38	380	300	14	24	194	153	10810	50950	721	2680
40	400	300	14	26	209	164	11710	60640	781	3030
42½	425	300	14	26	212	166	11710	69480	781	3270
45	450	300	15	28	232	182	12620	84220	841	3740
47½	475	300	15	28	235	185	12620	95120	841	4010
50	500	300	16	30	255	200	13530	113200	902	4530
55	550	300	16	30	263	207	13530	140300	902	5100
60	600	300	17	32	289	227	14440	180800	962	6030
65	650	300	17	32	297	234	14440	216800	962	6670
70	700	300	18	34	324	254	15350	270300	1020	7720
75	750	300	18	34	333	261	15350	316300	1020	8430
80	800	300	18	34	342	268	15350	366400	1020	9160

§ 9. Biegung.

Fig. 32 zeigt einen Balken, welcher durch die Kräfte P_1 und P_2 auf Biegung beansprucht wird. P_1 und P_2 erzeugen in den beiden Auflagern sog. Auflagerreaktionen, welche den beiden Kräften entgegengesetzt gerichtet sind.

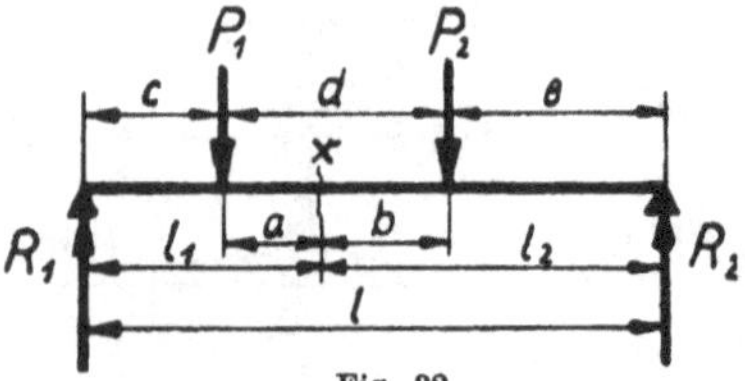

Fig. 32.

Soll Gleichgewicht herrschen, muß die Summe der Lagerreaktionen (Gegendrücke) $R_1 + R_2$ gleich der Summe der gegebenen äußeren Kräfte sein. Es besteht mithin die Gleichung

$$R_1 + R_2 = P_1 + P_2 .$$

Andererseits muß für einen Gleichgewichtszustand die algebraische Summe der statischen Momente für einen beliebigen Drehpunkt gleich 0 sein, also

$$\Sigma(M) = 0 .$$

Beide Gleichungen benutzt man zur Berechnung der Lagerreaktionen R_1 und R_2.

Um R_1 zu finden, nimmt man am zweckmäßigsten den Drehpunkt in R_2 an. Es ergibt sich dann nach obenstehender Figur die Gleichung

$$R_1 l - P_1 (d + e) - P_2 e = 0 ,$$

$$R_1 = \frac{P_1 (d + e) + P_2 e}{l} .$$

Analog kann R_2 berechnet werden unter der Annahme des Drehpunktes in R_1; andererseits kann aber auch R_2 berechnet werden aus der Beziehung

$$R_1 + R_2 = P_1 + P_2 ,$$

$$R_2 = P_1 + P_2 - R_1 .$$

Bei der Biegung eines Balkens tritt auf der den äußeren Kräften P_1 und P_2 zugewandten Seite Druck, auf der anderen Seite dagegen Zug ein (Fig. 33). In der „neutralen Achse" 0, welche bei symmetrischen Querschnitten mit der Schwerpunktsachse zusammenfällt, ist weder Zug noch Druck vorhanden; die neutrale Faser behält also ihre ursprüngliche Länge bei. Hierbei ist angenommen, daß bei der Biegung die Querschnitte eben bleiben, indem nach dem Hookeschen Gesetz die Dehnungen proportional den Spannungen wachsen.

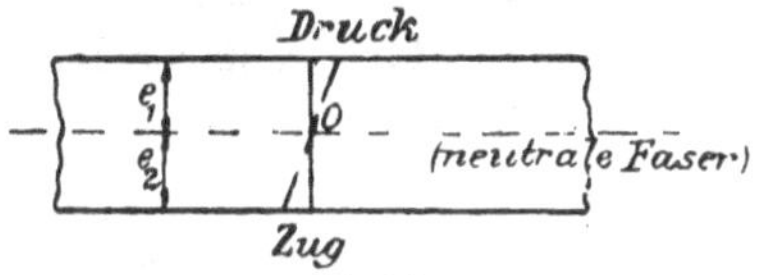

Fig 33.

Wie aus obenstehender Figur zu ersehen ist, dreht sich also jeder Querschnitt um eine Achse O, die in der Querschnittsebene liegt. Das Trägheitsmoment bezogen auf eine solche Achse heißt „äquatoriales Moment". Bei Beton, Zement, Gußeisen usw. ($\varepsilon = \alpha \sigma^n$) liegt die Nullinie tiefer, und die Spannungen verteilen sich nicht geradlinig.

Die Berechnung eines beliebigen Querschnittes x (Fig. 32) erfolgt nach der Formel

$$M_{bx} = W \sigma_{b\,\mathrm{zul}},$$

worin $W = \frac{J}{e}$ das Widerstandsmoment bedeutet.

J ist das Trägheitsmoment bezogen auf die Drehachse des Querschnittes,

e ist der Abstand der äußersten Faser von der Nullinie.

Es ist also das erforderliche Widerstandsmoment

$$W = \frac{M_{bx}}{\sigma_{b\,\mathrm{zul}}}.$$

Die Berechnung der tatsächlichen Spannung σ_b im Querschnitt x geschieht nach der Formel

$$\sigma_b = \frac{M_{bx}}{W}.$$

Es muß sein $\sigma_b \leqq \sigma_{b\,\text{zul}}$.

Das Biegungsmoment M_{bx} ist die algebraische Summe aller statischen Momente auf der einen Seite des betreffenden Querschnittes bezogen auf diesen. Es ist also (Fig. 32)

$$M_{bx} = R_1 l_1 - P_1 a = R_2 l_2 - P_2 b\,.$$

M_b ist positiv, wenn es für den linken Balkenteil rechts dreht bzw. für den rechten Balkenteil links dreht.

Tabelle einiger Biegungsbeanspruchungen.

Art der Belastung	Größtes Biegungsmoment	Größte Durchbiegung
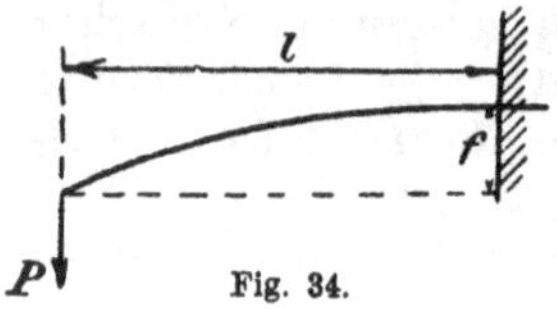 Fig. 34.	$\max M_b = P\,l$	$f = \dfrac{P \cdot l^3}{3 \cdot J \cdot E}$
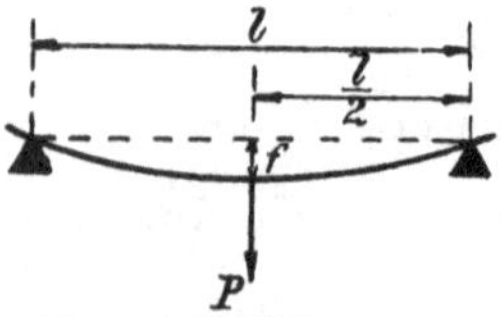 Fig. 35.	$\max M_b = \dfrac{P\,l}{4}$	$f = \dfrac{P \cdot l^3}{48 \cdot J \cdot E}$
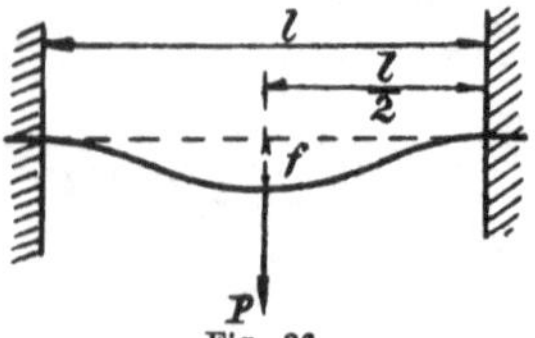 Fig. 36.	$\max M_b = \dfrac{P\,l}{8}$	$f = \dfrac{P \cdot l^3}{192 \cdot J \cdot E}$

Tabelle einiger Biegungsbeanspruchungen. (Fortsetzung.)

Art der Belastung	Größtes Biegungsmoment	Größte Durchbiegung
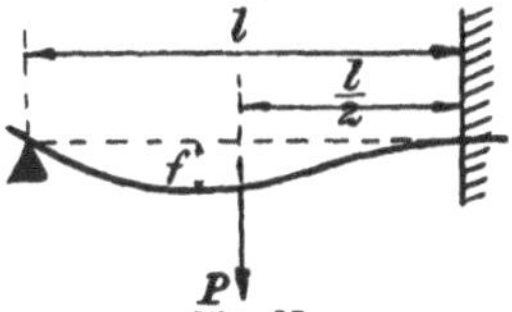 Fig. 37.	$\max M_b = \frac{3}{16} P l$	$f = \frac{P \cdot l^3}{48 \cdot J \cdot E} \cdot \sqrt{\frac{1}{5}}$
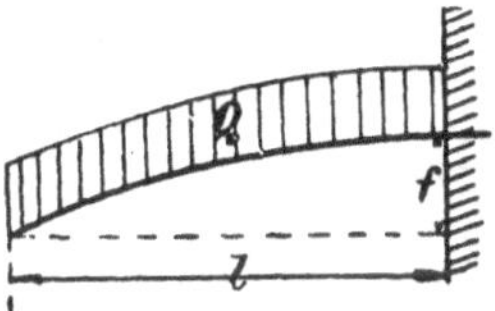 Fig. 38.	$\max M_b = \frac{Q l}{2}$	$f = \frac{Q \cdot l_3}{8 \cdot J \cdot E}$
 Fig. 39.	$\max M_b = \frac{Q l}{8}$	$f = \frac{Q \cdot l^3 \cdot 5}{384 \cdot J \cdot E}$
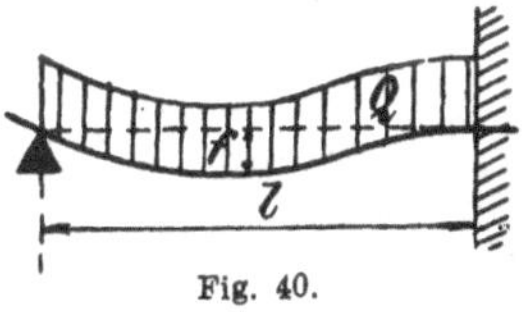 Fig. 40.	$\max M_b = \frac{Q l}{8}$	$f = \frac{Q \cdot l^3}{185 \cdot J \cdot E}$
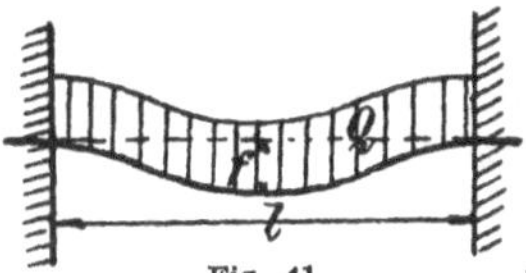 Fig. 41.	$\max M_b = \frac{Q l}{12}$	$f = \frac{Q \cdot l^3}{384 \cdot J \cdot E}$

§ 10. Knickung.

Gedrückte Stäbe, deren Länge im Vergleich zu den Querschnittsabmessungen groß ist, sind auf Knickbeanspruchung zu berechnen. Zur Dimensionierung dienen:

a) die Eulerschen Formeln:

Fig. 42.

Fall 1:
Ein Ende eingespannt, das andere frei.

$$P_k = \frac{1}{4} \frac{\pi^2 J E}{S l^2}$$

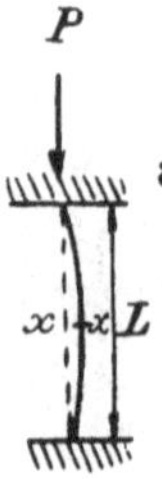

Fig. 43.

Fall 2:
Beide Enden frei, aber z.B. durch Gelenke gehalten.

$$P_k = \frac{\pi^2 J E}{S l^2}$$

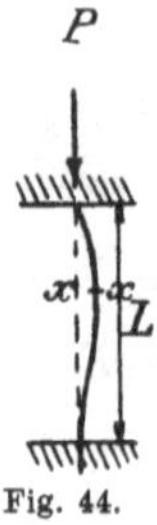

Fig. 44.

Fall 3:
Ein Ende eingespannt, das andere z. B. durch ein Gelenk gehalten.

$$P_k = 2 \frac{\pi^2 J E}{S l^2}$$

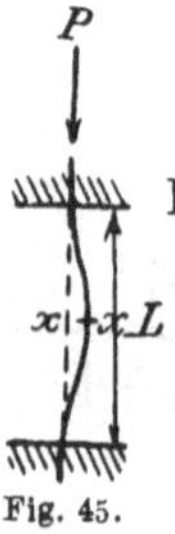

Fig. 45.

Fall 4:
Beide Enden eingespannt.

$$P_k = 4 \frac{\pi^2 J E}{S l^2}$$

In diesen Formeln ist J das kleinste äquatoriale Trägheitsmoment des gefährlichen Querschnittes x und S der Sicherheitsgrad.

Außer der Berechnung auf Knickung ist stets noch diejenige auf Druck vorzunehmen.

Fall 2 ist der wichtigste; es beträgt für den Hochbau

Material	Zulässige Druckbeanspruchung σ_d zul	Elastizitätsmodul E	Sicherheitsgrad S
Schweißstahl	1000	2 000 000	5
Flußstahl	1200	2 150 000	5
Schmiedestahl........	1400	2 200 000	5
Gußeisen	500	1 000 000	8
Kiefernholz	60	120 000	10

b) Die Tetmajersche Formel, wenn die Knickspannung $\sigma_k = \frac{P_k}{F}$ größer als die Streckgrenze σ_s ist.

In diesem Fall ist die Bruchspannung

$$\sigma_k = A \cdot (1 - a\lambda + b\lambda^2) = \frac{P_k}{F}$$

$$\lambda = \frac{l}{i} = \frac{\text{Stablänge in cm}}{\text{Trägheitsradius in cm.}}$$

Material	Werte für Spitzenlagerung			λ
	A	a	b	
Gußeisen	7760	0,01546	0,00007	5 ÷ 80
Schweißstahl	3030	0,00426	0	10 ÷ 112
Flußstahl weich..	3100	0,00368	0	10 ÷ 105
Flußstahl	3350	0,00185	0	÷ 90
Holz	293	0,00662	0	1,8 ÷ 100

§ 11. Verdrehung.

Wenn ein Stab auf Verdrehung beansprucht wird, findet eine Verschiebung der benachbarten Querschnitte gegeneinander statt, indem sich jeder einzelne Querschnitt um eine Achse dreht, die senkrecht zu seiner Ebene steht.

Das Trägheitsmoment einer Fläche bezogen auf eine Achse senkrecht zu ihr heißt „polares Trägheitsmoment“ J_p.

Es besteht die Beziehung

$$M_t = W_p \tau,$$

wobei

$$M_t = P\,r = 71\,620\,\frac{N}{n}$$

ist.

P = Kraft in kg,
r = Hebelarm von P in cm,
N = Leistung in PS oder in $\frac{\text{kW}}{0{,}736}$
n = Drehzahl pro Minute.

Für kreisförmige und kreisähnliche Querschnitte ist

$$W_p = \frac{J_p}{e} = \frac{J_x + J_y}{e}$$ (s. „Trägheitsmomente“).

Querschnitt	Zulässiges Drehmoment M_t	Lage der maximalen Spannung max τ
	$\frac{\pi}{16}\,d^3\,\tau_{zul}$	im Umfang
	$\frac{\pi}{16}\,\frac{D^4 - d^4}{D}\,\tau_{zul}$; $1{,}6\,d_m^2\,\delta\,\tau_{zul}$	im äußeren Umfang
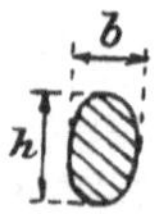	$\frac{\pi}{16}\,b^2 h\,\tau_{zul}$; $(h > b)$	in den Endpunkten der kleinen Achse b

Querschnitt	Zulässiges Drehmoment M_t	Lage der maximalen Spannung max τ
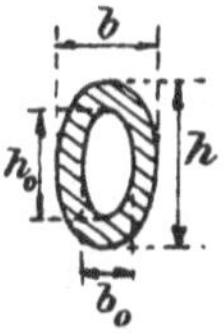	$\frac{\pi}{16}\frac{b^3h - b_0^3h_0}{b}\tau_{zul}$; $(h > b)$ $h_0 : h = b_0 : b$	in den Endpunkten der kleinen Achse b
	$\approx \frac{2}{9} b^2 h \tau_{zul}$	in den Mitten der Seite h (in den Ecken ist $\tau = 0$)
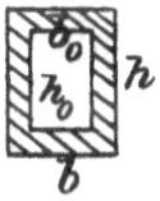	$\frac{2}{9}\frac{b^3h - b_0^3h_0}{b}\tau_{zul}$	in den Mitten der Seite h (in den Ecken ist $\tau = 0$)
	$\frac{2}{9} h^3 \tau_{zul}$	in den Mitten der Seite h (in den Ecken ist $\tau = 0$)
	$\frac{b^3}{20}\tau_{zul}$	
	$\frac{b^3}{1{,}09}\tau_{zul}$	

Fig. 46—54.

§ 12. Zusammengesetzte Festigkeit.

Als technisch wichtigster Fall der „zusammengesetzten Festigkeit“ kommt die gleichzeitige Beanspruchung einer Konstruktion auf Biegung und Drehung in Betracht (z. B. bei Wellen).

Bei dieser Beanspruchung treten Biegungs- und Drehmomente auf, welche sich zu einem ideellen Biegungsmoment M_i zusammensetzen. Dieses geschieht nach der Formel

$$M_i = 0{,}35\, M_b + 0{,}65 \sqrt{M_b^2 + (\alpha_0\, M_t)^2} \text{ cm kg},$$

wobei

$$\alpha_0 = \frac{\sigma_{\text{zul}}}{1{,}3\, \tau_{\text{zul}}}$$

ist.

Das erforderliche Widerstandsmoment, d. h. die Dimensionen berechnen sich dann nach der Gleichung

$$W = \frac{M_i}{\sigma_{\text{zul}}}.$$

Die größte ideelle Hauptspannung ergibt sich nach der Formel

$$\sigma_{i\,\min}^{\;\max} = 0{,}35\, \sigma \pm 0{,}65 \sqrt{\sigma^2 + 4 \alpha_0^2\, \tau^2},$$

worin σ und τ die zugehörigen Werte sind, für welche σ_i am größten wird.

§ 13. Federn.

Es bedeute

P die zulässige Belastung in kg,

$A = \frac{Pf}{2}$ die Federungsarbeit in cm kg,

l die Länge der ausgestreckten Feder in cm,

f die Durchbiegung in cm,

n die Anzahl der Windungen bzw. Blätter,
G das Schubelastizitätsmaß in kg/cm², $G = \frac{m}{2(m+1)} E$; (über Bedeutung von E und m siehe „Zug und Druck").

Art der Feder	Zulässige Belastung P kg	Durchbiegung f cm
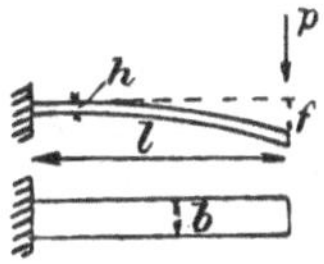	$\frac{\sigma_{zul}}{6} \frac{b h^2}{l}$	$\frac{4 l^3 P}{b h^3 E} = \frac{2}{3} \frac{l^2}{h} \frac{\sigma_{zul}}{E}$
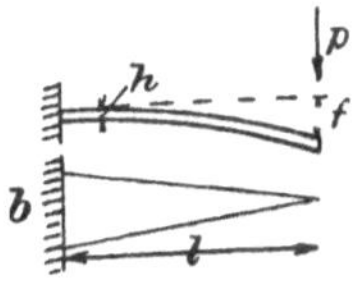	$\frac{\sigma_{zul}}{6} \frac{b h^2}{l}$	$\frac{6 l^3 P}{b h^3 E} = \frac{l^2}{h} \frac{\sigma_{zul}}{E}$
	$n \frac{\sigma_{zul}}{6} \frac{b h^2}{l}$	$\frac{6}{n} \frac{l^3}{b h^3} \frac{P}{E} = \frac{l^2}{h} \frac{\sigma_{zul}}{E}$
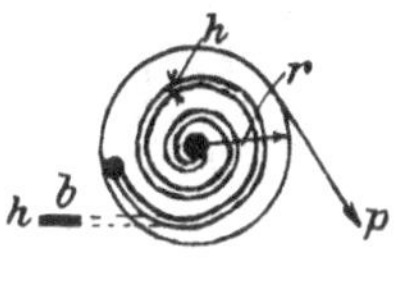	$\frac{\sigma_{zul}}{6} \frac{b h^2}{r}$	$12 \frac{l r^2}{b h^3} \frac{P}{E} = 2 \frac{r l}{h} \frac{\sigma_{zul}}{E}$

Art der Feder	Zulässige Belastung P kg	Durchbiegung f cm
	$\frac{\pi d^3}{16} \frac{\tau_{zul}}{r}$	$\frac{64 n r^3}{d^4} \frac{P}{G} = \frac{4 \pi n r^2}{d} \frac{\tau_{zul}}{G}$
	$\frac{2}{9} b^2 h \frac{\tau_{zul}}{r}$	$\approx 7{,}2 \pi n r^3 \frac{b^2 + h^2}{b^3 h^3} \frac{P}{G}$ $= 1{,}6 \pi n r^2 \frac{b^2 + h^2}{b h^2} \frac{\tau_{zul}}{G}$
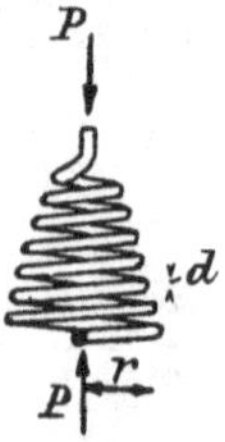	$\frac{\pi d^3}{16} \frac{\tau_{zul}}{r}$	$\approx \frac{16}{\pi} \frac{r^2 l}{d^4} \frac{P}{G} = \frac{r l}{d} \frac{\tau_{zul}}{G}$ $= 16 n \frac{r^3}{d^4} \frac{P}{G} = \pi n \frac{r^2}{d} \frac{\tau_{zul}}{G}$
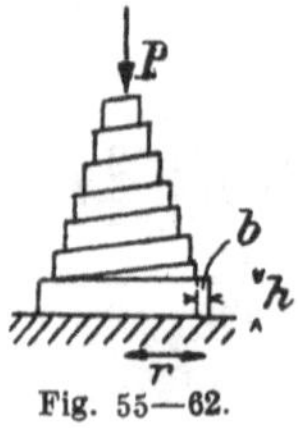	$\frac{2}{9} \frac{b^2 h}{r} \tau_{zul}$	$\approx 1{,}8 r^2 l \frac{b^2 + h^2}{b^3 \cdot h^3} \frac{P}{G}$ $= 0{,}4 r l \frac{b^2 + h^2}{b h^2} \frac{\tau_{zul}}{G}$ $= 1{,}8 \pi n r^3 \frac{b^2 + h^2}{b^3 \cdot h^3} \frac{P}{G}$ $= 0{,}4 \pi n r^2 \frac{b^2 + h^2}{b h^2} \frac{\tau_{zul}}{G}$

Fig. 55—62.

§ 14. Festigkeit von Platten.

Bezeichnet man mit

δ die Plattenstärke in cm,

f die Durchbiegung in der Mitte in cm,

E den Elastizitätsmodul,

σ_{zul} die zulässige Biegungsbeanspruchung in kg/cm², dann lassen sich folgende Beziehungen für die Stärke und die Durchbiegung von Platten aufstellen.

1. Kreisförmige Platte, welche im Umfange vom Radius r aufgelagert ist und durch einen Flüssigkeitsdruck von p kg/cm² gleichmäßig belastet wird.

Es bestehen die Gleichungen

$$\delta = r\sqrt{\varphi \frac{p}{\sigma_{zul}}},$$

$$f = \psi \frac{r^4}{\delta^3} \frac{p}{E}.$$

Die Koeffizienten φ und ψ richten sich in ihrer Größe nach dem Zustande der Auflagerung der Platte, d. h. je nachdem diese sich dem freien Aufliegen weniger oder mehr nähert. Es beträgt

für Gußeisen $\varphi = 0{,}80 \div 1{,}20$,

$\psi = 0{,}17 \div 0{,}60$;

für Flußeisen $\varphi = 0{,}45 \div 0{,}50$ Platte eingespannt; σ_{max} am Umfang,

$\varphi = 0{,}67 \div 0{,}75$ Platte frei aufliegend; σ_{max} in Mitte,

$\varphi = 0{,}33 \div 0{,}38$ Platte eingespannt, jedoch so nachgiebig, daß σ in Mitte und am Umfang gleich groß ist.

2. Kreisförmige Platte, welche im Umfange vom Radius r_2 frei aufliegt und in der Mitte durch eine Kraft p belastet wird, die sich auf eine Fläche $r_1^2 \pi$ gleichmäßig verteilt.

Es berechnet sich

$$\delta = \sqrt{\frac{3}{\pi}\,\varphi\left(1 - \frac{2}{3}\,\frac{r_1}{r_2}\right)\frac{p}{\sigma_{zul}}}\,,$$

$$f = \psi\,\frac{r_2^2}{\delta^3}\,\frac{p}{E}\,.$$

Für Gußeisen ist $\varphi = 1{,}5$

$\psi = 0{,}4 \div 0{,}5.$

3. Kreisförmige Platte, welche im Umfange vom Radius r_2 eingespannt ist. Die Belastung sei dieselbe wie bei 2.

Dann ist

$$\delta = \sqrt{\frac{1{,}365}{\pi}\,\frac{p}{\sigma_{zul}}\ln\frac{r_2}{r_1}}\,,$$

$$f = \frac{0{,}682}{\pi}\,\frac{r_2^2}{\delta^3}\,\frac{p}{E}\,.$$

4. Rechteckige Platte, welche in einem Umfange von der großen Seite a und der kleinen b aufliegt und durch den Flüssigkeitsdruck p kg/cm² gleichmäßig belastet wird.

$$\delta = \frac{b}{2}\sqrt{\varphi\,\frac{2p}{\sigma_{zul}\left(1 + \frac{b_2}{a^2}\right)}}\,.$$

Es ist für Gußeisen $\varphi = 0{,}75 \div 1{,}13$,

Flußeisen $\varphi = 0{,}56 \div 1{,}13$.

5. Rechteckige Platte wie unter 4., frei aufliegend und in der Mitte durch eine Kraft p kg belastet.

$$\delta = \sqrt{1{,}5\,\varphi\,\frac{p}{\sigma_{zul}}\,\frac{b}{a\left(1 + \left(\frac{b}{a}\right)^2\right)}}\,.$$

Für Gußeisen ist $\varphi = 1{,}75 \div 2{,}0$.

6. Elliptische Platte, welche am Umfange aufliegt und durch einen Flüssigkeitsdruck p kg/cm² gleichmäßig belastet wird.

Setzt man die große Halbachse gleich a und die kleine Halbachse gleich b, so ist

$$\delta = \sqrt{\varphi \frac{b^2}{1 + \left(\frac{b}{a}\right)^2} \frac{2p}{\sigma_{zul}}}.$$

Für Gußeisen ist $\varphi = 0{,}67 \div 1{,}13$.

7. Elliptische Platte, im Umfange frei aufliegend und in der Mitte durch eine Kraft p kg belastet.

Wird wieder die große und kleine Halbachse mit a bzw. b bezeichnet, so ist

$$\delta = \sqrt{\frac{8}{5\pi} \cdot \varphi \cdot \frac{8 + 4\left(\frac{b}{a}\right)^2 + 3\left(\frac{b}{a}\right)^4}{3 + 2\left(\frac{b}{a}\right)^2 + 3\left(\frac{b}{a}\right)^4} \cdot \left(\frac{b}{a}\right) \cdot \left(\frac{p}{\sigma_{zul}}\right)}.$$

Für Gußeisen ist $\varphi = 1{,}50 \div 1{,}67$.

§ 15. Festigkeit von Gefäßen.

Es sei

r_i der innere Radius in cm,

r_a der äußere Radius in cm,

δ die Wandstärke in cm,

σ_{dzul} die zulässige Druckbeanspruchung in kg/cm^2,

σ_{zzul} die zulässige Zugbeanspruchung in kg/cm^2.

1. Zylindrisches Gefäß mit dem inneren Überdruck p kg/cm^2.

Die größte Beanspruchung tritt an der Innenfläche in Richtung des Umfanges auf. Der äußere Radius berechnet sich nach der Formel

$$r_a = r_i \sqrt{\frac{\sigma_{zzul} + 0{,}4p}{\sigma_{zzul} - 1{,}3p}}.$$

Die Wandstärke ist $\delta = r_a - r_i$.

Ist δ im Vergleich zu r_i nur gering, so kann man die Wandstärke mit hinreichender Genauigkeit aus der Gleichung

$$\delta = r_i \frac{p}{\sigma_{z\,\mathrm{zul}}}$$

berechnen.

Für Gußeisen ist $\sigma_{z\,\mathrm{zul}} = 300\ \mathrm{kg/cm^2}$.

Für Stahlguß ist $\sigma_{z\,\mathrm{zul}} = 1000 \div 1900\ \mathrm{kg/cm^2}$.

2. Zylindrisches Gefäß mit dem äußeren Überdruck $p\ \mathrm{kg/cm^2}$.

Wenn eine Einknickungsgefahr nicht vorliegt, so ist

$$r_a = r_i \sqrt{\frac{\sigma_{d\,\mathrm{zul}}}{\sigma_{d\,\mathrm{zul}} - 1{,}7\,p}}\,.$$

Für kleines δ ist angenähert

$$\delta = r_a \frac{p}{\sigma_{d\,\mathrm{zul}}}\,.$$

(Über Berechnung von Dampfkesselwandungen siehe „Dampfkessel".)

3. Kugelförmiges Gefäß mit dem inneren Überdruck $p\ \mathrm{kg/cm^2}$.

Die größte Zugspannung herrscht an der Innenfläche. Es ist

$$r_a = r_i \sqrt[3]{\frac{\sigma_{z\,\mathrm{zul}} + 0{,}4\,p}{\sigma_{z\,\mathrm{zul}} - 0{,}65\,p}}\,.$$

Wenn δ im Vergleich zu r_a klein ist, so gilt angenähert

$$\delta = \tfrac{1}{2}\, r_i \frac{p}{\sigma_{z\,\mathrm{zul}}}\,.$$

4. Kugelförmiges Gefäß mit dem äußeren Überdruck $p\ \mathrm{kg/cm^2}$.

Wenn eine Einknickungsgefahr nicht vorliegt, so ist

$$r_a = r_i \sqrt[3]{\frac{\sigma_{d\,\mathrm{zul}}}{\sigma_{d\,\mathrm{zul}} - 1{,}05\,p}}\,.$$

Für kleines δ ist angenähert

$$\delta = \tfrac{1}{2} r_a \frac{p}{\sigma_{d\,\mathrm{zul}}} .$$

§ 16. Belastungsannahmen und Eigengewichte für Hochbau.

1. Eigengewichte der Bau-, Füll- und Lagerstoffe nach DIN 1055.

Stoff	kg/m³	Stoff	kg/m³
a) Füllstoffe in geschüttetem Zustand		d) Mörtel.	
		Zementmörtel	2100
Erde, Sand, Lehm; naß	2100	Kalkzementmörtel	1900
Erde, Sand, Lehm;		Kalkmörtel	1700
trocken	1600	Traßmörtel	2000
Kies; naß	2000	Gips; gegossen	1000
Kies; trocken	1700		
Koksasche	700	e) Beton.	
Kesselschlacke	1000	Kies, Granitschotter	2200
Hochofenschlacke je nach		Ziegelschotter	1800
Korngröße	1000÷1400	Kohlenschlacke und Sand	1600
Bimssteinsand	700	Bimskies und Sand	1600
		Hochofenschlacke	2200
b) Werkstücke und Mauerwerk aus natürlichen Steinen.		f) Bauhölzer.	
		Kiefer (Föhre)	600
Granit, Syenit, Porphyr.	2600	Fichte (Rottanne)	550
Basalt	3000	Tanne (Weißtanne)	550
Basaltlava je nach Dich-		Lärche	600
tigkeit	1800÷2800	Pitchpine (Pechkiefer)	800
Marmor	2700	Eiche	800
Kalksteine je nach Dich-		Buche	700
tigkeit	2200÷2600	Australische Harthölzer	1000
Sandsteine je nach Art	2400÷2700		
Tuffstein	2000	g) Metalle usw.	
Bimsstein	1200	Gußeisen	7200
		Schweißstahl	7800
c) Mauerwerk aus künstlichen Steinen.		Flußstahl	7850
		Gußstahl	7860
Klinker	1900	Blei	11400
Ziegel	1800	Kupfer	8900
Lochziegel	1300	Bronze	8500
Schwemmsteine	1000	Zink; gewalzt	7200
Korksteine	600	Zinn	7400
Kalksandsteine	1800	Messing	8500
Kunstsandsteine	2100	Fensterglas	2500

Stoff	kg/m³	Stoff	kg/m³
h) Lagerstoffe.		Stroh	45
Braunkohle	750	Weizen	760
Holz in Scheiten	400		
Steinkohle	900	k) Verschiedene Lagerstoffe.	
Gaskoks	450		
Preßkohlen	1000	Aktengerüste und Schränke	600
i) Feld- und Gartenfrüchte.		Asche	900
		Wolle	450÷1300
Gerste	690	Hausmüll	660
Gras und Klee	350	Kaffee	700
Hafer	550	Mehl	500
Heu je nach Pressung	70÷280	Papier	1100
Kartoffeln	750	Salz	1250
Malz	530	Torfstreu	230
Obst	350	Wolle	1300
Roggen	680	Zement je nach Rüttelung	1400÷2000
Rüben	650	Zucker	750

2. Nutzlasten der Zwischendecken.

Nutzlast	kg/m²
Für Wohn- und kleine Dienstgebäude	200÷250
Für größere Geschäftshäuser, Versammlungsräume, Theater, Fabriken, Büchereien	500
Für Decken unter Durchfahrten oder Höfen	800
Für Dachbodenräume	125
Für Treppen je nach Bauart	350÷500
Für Menschengedränge	400

3. Eigengewichte von Dächern für 1 m² geneigte Fläche. (Sparrenentfernung 1 m; Sparrenstärke 12 · 16 cm; Lattenstärke 4 · 6 cm.)

Dachart	kg/m²
Einfaches Biberschwanzdach	75
Biberschwanzdoppeldach	95
Kronendach	105
Pfannendach	80
Deutsches Schieferdach aus 2 cm Schalung	65

Dachart	kg/m²
Falzziegeldach	65
Zinkdach auf 2,5 cm Schalung	40
Teerpappdach auf 2,5 cm Schalung	40
Wellblechdach auf Winkeleisen 2 m freitragend bei 2 m Abstand L-Pfetten	25
Holzzementdach mit 3,5 cm Schalung und 14 · 18cm starken Sparren	180
Glasdach mit 4 mm Glas auf Sprosseneisen mit 0,45 m Abstand	20
desgl. 5 mm Glas mit 0,55 m Sprossenabstand	25
desgl. 6 mm Glas mit 0,55 m Sprossenabstand	30

4. Belastung der Dächer durch Schnee und Wind. Schneelast 75 kg/m² Dachgrundfläche. Bei 40° Dachneigung beträgt die Schneelast 55 kg/m²; bei über 45° Dachneigung kann sie vernachlässigt werden.

Winddruck:

Wandteile bis 15 m Höhe	100 kg/m²
Wandteile mit 15 ÷ 25 m Höhe	125 „
Dächer bis 25 m Höhe	125 „
Wandteile und Dächer über 25 m Höhe	150 „
Masten und Holzgerüste	150 „
Freistehende Gebäude	bis 250 „

5. Gesamtbelastung der Dächer (Eigengewicht, Schnee und Wind) für 1 m² Grundfläche.

Dachart	Neigung	kg/m²
Glasdach	10 ÷ 25°	125 ÷ 150
Schieferdach	25 ÷ 45°	150 ÷ 250
Ziegeldach	30 ÷ 45°	250 ÷ 300
Holzzementdach	—	275
Mansardendach (mit Schiefer oder Ziegel).	**45 ÷ 70°**	**300 ÷ 700**

6. Zulässige Belastungen von Mauerfundamenten.

Bodenart	Zulässige Belastung kg/cm²
Fels, Urgestein	20÷100
Weiches Gestein (Tuff, Sandstein, Kalk, Kreide)	7÷20
Fest gelagerter Kies mit wenig bindigen Bestandteilen	5÷7
Scharfer Sand, fest gelagert	3÷5
Mittelfeiner Sand	2÷3
Schwimmsand	0÷2
Mergel	3÷4
Sandiger Lehm und fester Ton	2÷3
Lehm und Ton, feucht	0,5÷1,0
Aufgeschütteter Boden	0,5÷1,0
Mutterboden	0,5
Moor, Schlamm	0

7. Gewölbte Brücken.

Eigengewicht für

Straßenbrücken mit Beschotterung $g = 0{,}6$ t/m²,

Straßenbrücken mit Pflasterung $g = 1{,}0$ t/m²,

Eisenbahnbrücken $g = 1{,}1$ t/m².

Verkehrslasten für Straßenbrücken unter Annahme einer über die Brücke gleichmäßig verteilten Belastung:

schwere Wagen $p = (0{,}28 + 8{,}4 : l)$ t/m²,

leichte Wagen $p = (0{,}37 + 1{,}7 : l)$ t/m²,

l = Stützweite in m.

8. Eiserne Brücken.

Es bedeute l die Stützweite in m.

Bauart der Brücke	Eigengewicht g kg/m²
a) Straßenbrücken mit Balkenträgern:	
Landstraßenbrücken mit doppeltem Bohlenbelag:	
Fahrbahn Eisengewicht	$105 + 2{,}3\,l + 0{,}02\,l$

Bauart der Brücke	Eigengewicht g kg/m²
Bohlenbelag (160 mm stark)	110
Fußwege	$60 + 2{,}3\,l$
Landstraßenbrücken mit Beschotterung:	
Eisengewicht (ausschl. Belageisen)	$125 + 2{,}8\,l + 0{,}025\,l^2$
Belageisen	65
Schotter	400
Fußwege	$60 + 2{,}3\,l$
Stadtstraßenbrücken mit doppeltem Bohlenbelag:	
Eisengewicht	$155 + 2{,}7\,l + 0{,}021\,l^2$
Bohlenbelag (200 mm stark)	140
Fußwege	$80 + 2{,}7\,l$
Stadtstraßenbrücken mit Beschotterung:	
Eisengewicht (ausschl. Belageisen)	$170 + 3{,}2\,l + 0{,}028\,l^2$
Belageisen	80
Schotter	480
Fußwege	$80 + 2{,}7\,l$
Stadtstraßenbrücken mit Pflasterung:	
Eisengewicht (ausschl. Belageisen)	$180 + 3{,}7\,l + 0{,}029\,l^2$
Belageisen	80
Pflasterung	700
Fußwege	$80 + 2{,}7\,l$
b) Straßenbrücken mit Bogenträgern (für Fußwege außerhalb Hauptträger ist das Gewicht besonders mitzurechnen):	
Landstraßenbrücken mit doppeltem Bohlenbelag:	
Fahrbahngerippe	63
Fahrbahn	170
Gesamtgewicht	$250 + 1{,}9\,l + 0{,}017\,l^2$
Landstraßenbrücken mit Beschotterung:	
Fahrbahngerippe	70
Fahrbahn	510
Gesamtgewicht	$610 + 2{,}1\,l + 0{,}022\,l^2$
Stadtstraßenbrücken mit Holzpflaster:	
Fahrbahngerippe	100
Fahrbahn	420
Gesamtgewicht	$532 + 5{,}4\,l + 0{,}01\,l^2$

Bauart der Brücke	Eigengewicht g kg/m²
Stadtstraßenbrücken mit Beschotterung:	
Fahrbahngerippe	85
Fahrbahn	540
Gesamtgewicht	$655 + 2{,}1\,l + 0{,}022\,l^2$
Stadtstraßenbrücken mit Steinpflaster:	
Fahrbahngerippe	100
Fahrbahn	600
Gesamtgewicht	$712 + 6{,}0\,l + 0{,}01\,l^2$

c) Eisenbahnbrücken, eingleisig, gerade, unt. Zugrundelegung des 17 t-Zuges. (Für zweigleisige Brücken sind die Werte zu verdoppeln.)	Hauptträgerabstand m	Gewicht: Hauptträger mit Quer- und Windverband und Lagern kg/m	Gewicht: Fahrbahngerippe kg/m	Gewicht: Fahrbahntafel kg/m	Gesamtgewicht kg/m
Blechträger mit unmittelbarer Schwellenauflagerung ohne besondere Fußwege	1,8	$240 + 54\,l$	—	640	$880 + 54\,l$
	2,0		—	775	$1015 + 54\,l$
Blechträger mit versenkter Fahrbahn und ausgekragtem Fußweg	3,0	$270 + 44\,l$	380	595	$1245 + 44\,l$
	3,3		430	630	$1330 + 44\,l$
	3,7		520	660	$1450 + 44\,l$
Fachwerkträger mit untenliegender Fahrbahn (l = 20 bis 40 m)	4,8	$540 + 27\,l$	600	680	$1820 + 27\,l$
	4,9		625	680	$1845 + 27\,l$
	5,0		670	680	$1890 + 27\,l$
Desgl. (l = 40 bis 80 m)	4,8	$680 + 27\,l$	600	680	$1960 + 27\,l$
	4,9		625	680	$1985 + 27\,l$
	5,0		670	680	$2030 + 27\,l$
Fachwerkträger mit obenliegender Fahrbahn und ausgekragten Fußwegen	2,5	$540 + 27\,l$	490	550	$1580 + 27\,l$
	3,5		580	550	$1670 + 27\,l$
Blechträger mit Schotterbett auf Buckelblechen ohne Koffer	3,3	$270 + 49\,l$	670	2840	$3780 + 49\,l$
	3,7		840	3260	$4370 + 49\,l$
Desgl. mit Koffer	3,3	$270 + 49\,l$	770	2680	$3720 + 49\,l$
	3,7		940	2820	$4030 + 49\,l$
Blechträger mit Kiesbett über den Hauptträgern und $l/12$ Stehblechhöhe		Gewichte für 1 m Brückenbreite			
		$160 + 24\,l$		920	$1080 + 24$

§ 17. Spez. Gewichte fester, flüssiger und gasförmiger Körper.

Das spez. Gewicht ist die Zahl, welche angibt, um wieviel schwerer der feste bzw. flüssige Körper ist als das gleiche

Volumen Wasser bei 4° C. Das spez. Gewicht der gas- (dampf-) förmigen Körper bezieht sich auf Luft bei 0° C und 760 mm Q.S.-Barometerstand.

Das Raumgewicht ist das Einheitsgewicht poröser Körper unter Nichtberücksichtigung der Hohlräume.

Feste Körper	(Raumgewicht) Spez. Gewicht H_2O (4°) = 1	Feste Körper	(Raumgewicht) Spez. Gewicht H_2O (4°) = 1
Aluminium	2,7	Holz	
Aluminiumbronze	7,7	(lufttrocken):	
Anthrazit	1,5 ÷ 1,7	Ahorn	0.53 ÷ 0,81
Antimon.........	6,7	Ceder	0,57
Aragonit	3,0	Eiche	0,69 ÷ 1,03
Asbest	2,1 ÷ 2,8	Fichte	0,35 ÷ 0,74
Asphalt	1,05 ÷ 1,33	Linde	0,32 ÷ 0,59
Basalt	2,7 ÷ 3,2	Pappel	0,39 ÷ 0,59
Baumwolle.......	1,47 ÷ 1,50	Pitchpine	0,49 ÷ 0,9
Bernstein	1,0 ÷ 1,1	Rotbuche	0,66 ÷ 0,97
Beton	1,80 ÷ 2,45	Kalk (gebrannt) .	0,9 ÷ 1,3
Bimsstein	0,37 ÷ 0,90	Kalkmörtel(mittel)	1,7
Blei	11,25 ÷ 11,37	Kalkstein	2,46 ÷ 2,84
Braunkohle	1,2 ÷ 1,5	Kautschuk	0,92 ÷ 0,96
Bronze	8,8	Kies	1,8
Butter	0,94 ÷ 0,95	Kochsalz	2,15 ÷ 2,17
Chamottestein ...	1,85	Koks	1,6 ÷ 1,9
Diamant.........	3,5 ÷ 3,6	Kork	0,24
Dolomit	2,9	Kreide	1,8 ÷ 2,6
Eis	0,88 ÷ 0,92	Kupfer	8,90 ÷ 8,95
Eisen	7,85	Linoleum	1,15 ÷ 1,30
Elfenbein	1,83 ÷ 1,92	Magneteisenstein .	4,9 ÷ 5,2
Erde (mager)	1,34	Manganerz (rot) .	3,46
Fette...........	0,92 ÷ 0,94	Messing	8,4 ÷ 8,7
Gips (gegossen) ..	0,97	Natrium.........	0,978
Glas (Fenster) ...	2,4 ÷ 2,6	Neusilber	8,3 ÷ 8,7
Glimmer	2,65 ÷ 3,20	Nickel	8,8
Gold	19,33	Papier	0,7 ÷ 1,15
Granit..........	2,51 ÷ 3,05	Paraffin	0,87 ÷ 0,91
Graphit	1,9 ÷ 2,3	Pech	1,25 ÷ 1,33
Gußeisen	7,25	Phosphor (gelb) ..	1,82
Harz	1,07	Phosphorbronze .	8,8

Feste Körper	(Raumgewicht) Spez. Gewicht H_2O (4°) = 1	Feste Körper	(Raumgewicht) Spez. Gewicht H_2O (4°) = 1
Platin	21,15 ÷ 21,5	Silber	10,42 ÷ 10,53
Porphyr	2,6 ÷ 2,9	Steinkohle	1,2 ÷ 1,5
Porzellan	2,4 ÷ 2,5	Syenit	2,6 ÷ 2,8
Preßkohle (Brikett)	1,25	Ton	1,8 ÷ 2,6
Quarz	2,1 ÷ 2,5	Traß	0,95
Roheisen (grau)	6,7 ÷ 7,6	Wachs	0,95 ÷ 0,98
Salpeter	2,11	Weißmetall	7,5 ÷ 10
Sand	1,40 ÷ 1,65	Wolfram	19,1
Sandstein	2,5 ÷ 2,7	Ziegel	2,6 ÷ 2,7
Schiefer	2,65 ÷ 2,70	Zink	6,86
Schwefel	1,93	Zinn	7,2

Flüssige Körper	Spez. Gewicht H_2O (4°) = 1	Temp. t^0	Gasförmige Körper	Spez. Gewicht 0°, 760 mm Q.-S. Luft = 1
Äther	0,74	0	Äther	2,55
Alkohol	0,79	15	Alkohol	1,59
Benzin	0,68 ÷ 0,7	15	Ammoniak	0,597
Benzol	0,90	0	Chlor	2,491
Bier	1,02 ÷ 1,04	—	Kohlenoxyd	0,967
Chloroform	1,48	18	Kohlensäure	1,529
Glyzerin	1,26	0	Leuchtgas	0,34 ÷ 0,45
Kalilauge (63%)	1,70	15	Luft	1,00
Karbolsäure	0,96	15	Quecksilber	6,98
Milch	1,03	15	Salzsäure	1,25
Natronlauge (66%)	1,70	15	Sauerstoff	1,105
Petroleum	0,80	15	Schwefel	6,617
Quecksilber	13,5951	0	Schwefelkohlenstoff	2,644
Rizinusöl	0,97	15	Schwefelwasserstoff	1,19
Salpeters. (91%)	1,5	15	Schweflige Säure	2,250
Salzsäure (40%)	1,2	15	Stickstoff	0,967
Schwefels. (rauch.)	1,89	15	Wasserdampf	0,631
Schweflige Säure	1,435	0	Wasserstoff	0,069
Seewasser	1,02	15		
Teer	1,2	—		
Terpentin	0,87	16		
Wasser	1,00	4		

Gewichte pro 1 m³ verschiedener Stoffe.

Stoff	kg/m³
Basalt	3000
Beton	1800÷2200
Braunkohle (lufttrocken)	700—800
Buchenholz (in Scheiten)	400
Eichenholz (in Scheiten)	420
Fichtenholz (in Scheiten)	320
Formsand (aufgeschüttet)	1200
Holzkohlen	200÷400
Kalk- und Bruchsteine	2000
Kohlen	770÷860
Koks	360÷530
Mörtel	1700÷1800
Sand, Lehm, Erde (trocken)	1600
Kies	1800
Torf (lufttrocken)	300—900
Traß (gemahlen)	950
Ziegelsteine	1375÷1500

§ 18. Reibung.

1. Reibung der Ruhe oder Haftreibung.

Wenn sich ein Körper unter dem Einfluß einer Kraft gegen einen anderen Körper stützt, so kann das System auch dann noch im Gleichgewicht sein, wenn die Kraftrichtung mit der Normalen im Berührungspunkt einen Winkel einschließt. Dieser darf höchstens gleich einem bestimmten Winkel α_0, dem Reibungswinkel der Ruhe sein. Die Größe von α_0 hängt von der Beschaffenheit der sich berührenden Flächen ab.

Es sei die normale Stützkraft $= P$, dann ist die Reibungsstützung

$$R_0 < P_n \, tg \, \alpha_0$$

oder

$$R_0 < \mu_0 P_n,$$

$\mu_0 = tg \, \alpha_0$ heißt Reibungskoeffizient der Ruhe.

2. Reibung der gleitenden Bewegung.

Verschieben sich zwei Körper aufeinander, so ist ein

Reibungswiderstand R zu überwinden; dieser fällt in die Bewegungsrichtung, ist ihr aber entgegengesetzt gerichtet.

Allgemein ist die Reibung ein Bruchteil der Druckkomponente; ist diese gleich P_n, so ist

$$R = P_n \, tg\, \alpha$$

oder

$$R = \mu \cdot P_n,$$

$\mu = tg\alpha$ heißt Reibungskoeffizient der gleitenden Bewegung.

Es ist $\mu < \mu_0$.

Reibungskoeffizienten für ca. 1 kg/cm² Flächendruck: (Die Zapfenreibungszahlen gelten für 2,5 ÷ 10 kg/cm² Flächendruck.)

Reibende Körper	Gleitende Reibung μ trocken	Gleitende Reibung μ wenig fett	Reibung der Ruhe μ_0 trocken	Reibung der Ruhe μ_0 wenig fett	Zapfenreibung μ_1 Schmierung gewöhnlich
Bronze auf Bronze	0,20	—	—	—	0,10
Bronze auf Gußeisen	0,21	—	—	—	0,09
Gußeisen auf Gußeisen oder Bronze	—	0,15	—	0,16	0,075
Stahl auf Gußeisen oder Bronze	0,18	0,16	0,19	—	0,07
Stahl auf Stahl	0,1	0,01	0,15	—	—
Stahl auf Bronze	—	—	—	—	0,003÷0,03
Stahl auf Pockholz	—	—	—	—	0,11
Gußeisen auf Pockholz	—	—	—	—	0,07
Gußeisen auf Eiche	0,49	0,19	—	—	—
Messing auf Eiche	—	—	0,62	—	—
Eiche auf Eiche (‖ Faser)	0,48	—	0,62	—	—
Eiche auf Eiche (⊥ Faser)	0,34	—	0,54	—	—
Hanfseil auf rauhem Holz	—	—	0,50	—	—
Lederriemen auf Gußeisen	0,28	—	0,56	—	—
Lederriemen auf Eiche	0,27	—	0,47	—	—
Mauerwerk auf Beton	—	—	0,76	—	—
Stein auf Eisen	—	—	0,45	—	—
Stein auf Holz	—	—	0,60	—	—
Stein auf Stein	0,60÷0,75	—	0,53÷0,73	—	—
Rindsleder als Kolbenliderung	0,56	0,23	—	—	—

Besondere Reibungskoeffizienten.

1. Schubkurbelgetriebe: $\mu = 0{,}05$ (Gesamtwiderstand).

2. Bremsen: Holz in Längsfasern und sauber bearbeitete Kränze.

	Buche	Eiche	Pappel	Ulme	Weide
Gußeisen	0,29÷0,37	0,30÷0,34	0,35÷0,40	0,36÷0,37	0,46÷0,47
Schmiedeeisen...	0,54	0,51÷0,40	0,65÷0,[illegible]	0,60÷0,49	0,63÷0,60

3. Seilreibungskoeffizienten (der Ruhe) μ_0.

Lederriemen auf Holzscheibe	etwas fett	0,47
Lederriemen auf Gußeisen	etwas fett	0,56
Hanfseil auf Eisentrommel		0,25
Hanfseil auf Holztrommel		0,40
Stahl-Bremsband auf eiserner Scheibe		0,18

4. Reibung der rollenden Bewegung (Rollwiderstand).

Rollende Reibung tritt auf, wenn ein Zylinder ohne zu gleiten auf einer Ebene unter einem Anpressungsdruck P_n abrollt. Zur rollenden Fortbewegung ist ein Moment nötig

$$M_t = P_n f;$$

der Hebelarm f in cm heißt der Reibungskoeffizient der rollenden Bewegung.

Es ist für Pockholz auf Pockholz $f \approx 0{,}047$ cm,
für Stahl auf Stahl 0,05 cm.

III. Kapitel.

Maschinenelemente.

§ 1. Keile.

Die Kraftverhältnisse einer Keilkette gestalten sich folgendermaßen:

Wenn

P_1 die zum Hineintreiben des Keiles erforderliche Kraft in kg,

P_2 die zum Herausschieben erforderliche Kraft,

P_n die durch P_1 bzw. P_2 auf den Keilflächen senkrecht wirkende erzeugte Kraft,

α der Neigungswinkel der Keilflächen,

ϱ der Reibungswinkel ($\operatorname{tg} \varrho = \mu$) ist,

so erfordert das Hineintreiben des Keiles die Kraft

$$P_1 = P_n \cdot \operatorname{tg} (\alpha + 2\varrho),$$

während zum Herausschieben eine Kraft

$$P_2 = P_n \cdot \operatorname{tg} (\alpha - 2\varrho)$$

erforderlich ist.

Für Selbsthemmung muß $\alpha < 2\varrho$ sein.

Längskeile für Wellen:

Wellendurchmesser in mm	Hohlkeile (Fig. 63.)		Flachkeile (Fig. 64.)		Nutenkeile (Fig. 65.)			
	b mm	h mm	b mm	h mm	b mm	h mm	a mm	c mm
10÷12	—	—	—	—	4	4	1,5	2,5
12÷17	—	—	—	—	5	5	2	3
17÷22	—	—	—	—	6	6	2,5	3,5
22÷30	8	3	8	4	8	7	3	4
30÷38	10	3,5	10	5	10	8	3,5	4,5
38÷44	12	3,5	12	5	12	8	3,5	4,5
44÷50	14	4	14	5	14	9	4	5
50÷58	16	5	16	6	16	10	5	5
58÷68	18	5	18	7	18	11	5	6
68÷78	20	6	20	8	20	12	6	6
78÷92	24	7	24	9	24	14	7	7
92÷110	28	8	28	10	28	16	8	8
110÷130	32	9	32	11	32	18	9	9

Wellendurchmesser in mm	Hohlkeile (Fig. 63.)		Flachkeile (Fig. 64.)		Nutenkeile (Fig. 65.)			
	b mm	*h* mm	*b* mm	*h* mm	*b* mm	*h* mm	*a* mm	*c* mm
130÷150	36	10	36	13	36	20	10	10
150÷170	—	—	40	14	40	22	11	11
170÷200	—	—	45	16	45	25	12	13
200÷230	—	—	50	18	50	28	14	14
230÷260	—	—	—	—	55	30	15	15
260÷290	—	—	—	—	60	32	16	16
290÷330	—	—	—	—	70	36	18	18
330÷380	—	—	—	—	80	40	20	20
380÷440	—	—	—	—	90	45	22	23
440÷500	—	—	—	—	100	50	25	25

Tangentialkeile (Fig. 66)

Wellendurchmesser in mm	*b* mm	*h* mm	Wellendurchmesser in mm	*b* mm	*h* mm
60	19,3	7	240	59,9	16
70	21,0	7	250	64,6	18
80	24,0	8	260	66,0	18
90	25,6	8	270	67,4	18
100	28,6	9	280	72,1	20
110	30,1	9	290	73,5	20
120	33,2	10	300	74,8	20
130	34,6	10	320	81,0	22
140	37,7	11	340	83,6	22
150	39,1	11	360	93,2	26
160	42,1	12	380	95,9	26
170	43,5	12	400	98,6	26
180	44,9	12	420	108,2	30
190	49,6	14	440	110,9	30
200	51,0	14	460	113,6	30
210	52,4	14	480	123,1	34
220	57,1	16	500	125,9	34
230	58,5	16			

Die Querschnittsseite von Quadratkeilen bzw. der Durchmesser von Rundkeilen erhält eine Größe von $0{,}6\sqrt{d} \div 0{,}7\sqrt{d}$ cm, wenn d der Wellendurchmesser ist.

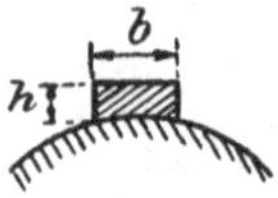

Fig. 63.

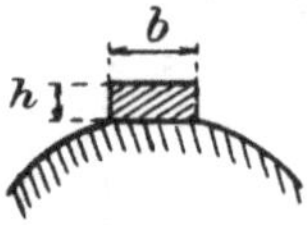

Fig. 64.

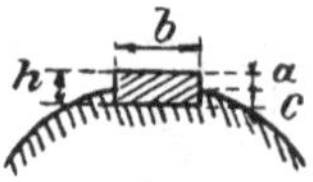

Fig. 65.

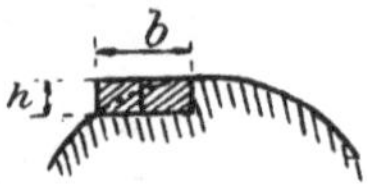

Fig. 66.

§ 2. Schrauben.

Eine Schraube werde in axialer Richtung durch eine Kraft Q belastet.

Zur Hebung bzw. Senkung von Q ist ein Drehmoment M_t erforderlich, welches sich berechnet:

1. für flachgängiges (Rechteck-) Gewinde zu

$$M_t = Q\,r\,\mathrm{tg}\,(\alpha \pm \varrho) = Q \cdot r\,\frac{h \pm 2\,\pi\,r\,\mu}{2\,\pi\,r \mp \mu\,h};$$

für Selbstsperrung muß $\alpha < \varrho$ sein;
es bedeutet h die Ganghöhe,
r den mittleren Radius der Schraube,
α den Steigungswinkel $\left(\mathrm{tg}\alpha = \frac{h}{2\,r\,\pi}\right)$,
ϱ den Reibungswinkel ($\mu = \mathrm{tg}\,\varrho$);

2. für scharfgängiges (Dreieck-) Gewinde zu

$$M_t = Q\,r\,\frac{\mathrm{tg}\alpha + 1{,}12\,\mu}{1 - 1{,}12\,\mu\,\mathrm{tg}\alpha}.$$

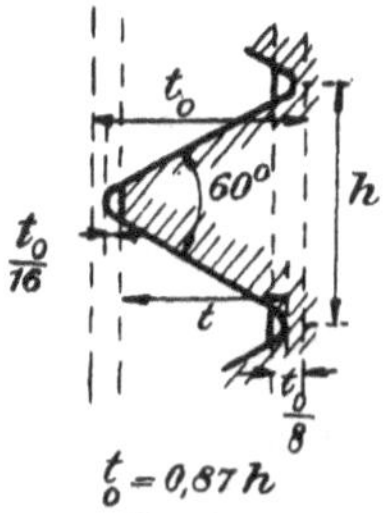

Fig. 67.

Gewindearten.

I. Metrisches Gewinde.

DIN 13 und 14

$t = 0{,}69$ h

Gewinde-durchmesser mm	Kern-durchmesser mm	Ganghöhe mm h	Gangtiefe mm t	Gewinde-durchmesser mm	Kern-durchmesser mm	Ganghöhe mm h	Gangtiefe mm t
1	0,65	0,25	0,174	42	35,75	4,5	3,125
1,2	0,85	0,25	0,174	45	38,75	4,5	3,125
1,4	0,98	0,3	0,208	48	41,05	5	3,473
1,7	1,21	0,35	0,243	52	45,05	5	3,473
2	1,44	0,4	0,278	56	48,36	5,5	3,820
2,3	1,74	0,4	0,278	60	52,36	5,5	3,820
2,6	1,97	0,45	0,313	64	55,67	6	4,167
3	2,30	0,5	0,347	68	59,67	6	4,167
3,5	2,67	0,6	0,417	72	63,67	6	4,167
4	3,03	0,7	0,486	76	67,67	6	4,167
5	3,89	0,8	0,556	80	71,67	6	4,167
6	4,61	1	0,695	84	75,67	6	4,167
8	6,26	1,25	0,868	89	80,67	6	4,167
10	7,92	1,5	1,042	94	85,67	6	4,167
12	9,57	1,75	1,215	99	90,67	6	4,167
14	11,22	2	1,389	104	95,67	6	4,167
16	13,22	2	1,389	109	100,67	6	4,167
18	14,53	2,5	1,736	114	105,67	6	4,167
20	16,53	2,5	1,736	119	110,67	6	4,167
22	18,53	2,5	1,736	124	115,67	6	4,167
24	19,83	3	2,084	129	120,67	6	4,167
27	22,83	3	2,084	134	125,67	6	4,167
30	25,14	3,5	2,431	139	130,67	6	4,167
33	28,17	3,5	2,431	144	135,67	6	4,167
36	30,44	4	2,778	149	140,67	6	4,167
39	30,44	4	2,778				

II. Whitworthsches Gewinde.
DIN 12.

$t = 0{,}64\ h$

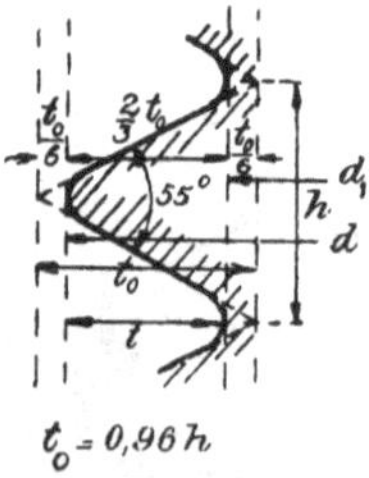

Fig. 68.

Äußerer Gewinde-durchmesser d		Kern-durch-messer d_1	Kern-quer-schnitt $\frac{d_1^2\pi}{4}$	Anzahl der Gewinde-gänge		Mut-ter-höhe h_1	Kopf-höhe h_0	Schlüs-sel-weite s	$Q = \frac{d_1^2\pi}{4}\sigma_z$ für	
engl. Zoll	mm	mm	cm²	auf 1″	auf d mm	mm	mm	mm	$\sigma_z=480$	$\sigma_z=600$
$^1/_4$	6,35	4,72	0,175	20	5	6	4	13	85	105
$^5/_{16}$	7,94	6,13	0,295	18	$5^5/_8$	8	6	16	140	175
$^3/_8$	9,52	7,49	0,441	16	6	10	7	19	210	265
$^7/_{16}$	11,11	8,79	0,607	14	$6^1/_8$	11	8	21	290	365
$^1/_2$	12,70	9,99	0,784	12	6	13	9	23	375	470
$^5/_8$	15,87	12,92	1,311	11	$6^7/_8$	16	11	27	630	785
$^3/_4$	19,05	15,80	1,961	10	$7^1/_2$	19	13	33	940	1175
$^7/_8$	22,22	18,61	2,720	9	$7^7/_8$	22	15	36	1305	1630
1	25,40	21,33	3,573	8	8	25	18	40	1715	2145
$1^1/_8$	28,57	23,93	4,498	7	$7^7/_8$	29	20	45	2160	2700
$1^1/_4$	31,75	27,10	5,768	7	$8^3/_4$	32	22	50	2770	3460
$1^3/_8$	34,92	29,50	6,835	6	$8^1/_4$	35	24	54	3280	4100
$1^1/_2$	38,10	32,68	8,388	6	9	38	27	58	4030	5030
$1^5/_8$	41,27	34,77	9,495	5	$8^1/_8$	41	29	63	4560	5700
$1^3/_4$	44,45	37,94	11,31	5	$8^3/_4$	44	32	67	5430	6780
$1^7/_8$	47,62	40,40	12,82	$4^1/_2$	$8^7/_{16}$	48	34	72	6150	7690
2	50,80	43,57	14,91	$4^1/_2$	9	51	36	76	7160	8950
$2^1/_4$	57,15	49,02	18,87	4	9	57	40	85	9060	11320
$2^1/_2$	63,50	55,37	24,08	4	10	64	45	94	11560	14450
$2^3/_4$	69,85	60,55	28,80	$3^1/_2$	$9^5/_8$	70	49	103	13820	17280
3	76,20	66,90	35,15	$3^1/_2$	$10^1/_2$	76	53	112	16870	21090
$3^1/_4$	82,55	72,57	41,36	$3^1/_4$	$10\ /_{16}$	83	58	121	19850	24820
$3^1/_2$	88,90	78,92	48,92	$3^1/_4$	$11^3/_8$	89	62	130	23480	29350
$3^3/_4$	95,25	84,40	55,95	3	$11^1/_4$	95	67	138	26860	33570

Äußerer Gewinde-durchmesser d		Kern-durch-messer d_1	Kern-quer-schnitt $\frac{d_1^2 \pi}{4}$	Anzahl der Gewinde-gänge		Mut-ter-höhe h_1	Kopf-höhe h_0	Schlüs-sel-weite s	$Q = \frac{d_1^2 \pi}{4} \sigma_z$ für	
engl. Zoll	mm	mm	cm²	auf 1″	auf d mm	mm	mm	mm	σ_z=480	σ_z=600
4	101,60	90,75	64,68	3	12	102	71	147	31050	38810
$4^{1}/_{4}$	107,95	96,65	73,37	$2^{7}/_{8}$	$12^{7}/_{32}$	108	76	156	35220	44020
$4^{1}/_{2}$	114,30	102,98	83,29	$2^{7}/_{8}$	$12^{15}/_{16}$	114	80	165	39980	49970
$4^{3}/_{4}$	120,65	108,84	93,04	$2^{3}/_{4}$	$13^{1}/_{16}$	121	85	174	44660	55820
5	127,00	115,19	104,2	$2^{3}/_{4}$	$13^{3}/_{4}$	127	89	183	50020	62530
$5^{1}/_{4}$	133,35	121,67	116,3	$2^{5}/_{8}$	$13^{25}/_{32}$	133	93	192	55810	69760
$5^{1}/_{2}$	139,70	127,51	127,7	$2^{5}/_{8}$	$14^{7}/_{16}$	140	98	201	61300	76620
$5^{3}/_{4}$	146,05	133,05	139,0	$2^{1}/_{2}$	$14^{3}/_{8}$	146	102	209	66740	83420
6	152,40	139,39	152,6	$2^{1}/_{2}$	15	152	106	218	73250	91560

III. Whitworth-Rohrgewinde.

Lichter Rohrdurch-messer		Gewinde-durch-messer	Kern durch-messer	Gang-zahl auf 1	Lichter Rohrdurch-messer		Gewinde-durch-messer	Kern-durch-messer	Gang-zahl auf 1
Zoll	mm	mm	mm	Zoll	Zoll	mm	mm	mm	Zoll
$^{1}/_{8}$	3,18	9,73	8,57	28	$3^{3}/_{4}$	95,25	106,68	103,73	11
$^{1}/_{4}$	6,35	13,16	11,45	19	4	101,60	113,03	110,08	11
$^{3}/_{8}$	9,53	16,66	14,95	19	$4^{1}/_{2}$	114,30	125,74	122,78	11
$^{1}/_{2}$	12,70	20,96	18,63	14	5	127,00	138,47	135,48	11
$^{5}/_{8}$	15,88	22,91	20,59	14	$5^{1}/_{2}$	139,71	151,14	148,18	11
$^{3}/_{4}$	19,05	26,44	24,12	14	6	152,41	163,84	160,88	11
$^{7}/_{8}$	22,23	30,20	27,88	14	7	177,81	189,24	185,98	10
1	25,40	33,25	30,29	11	8	203,21	214,64	211,39	10
$1^{1}/_{4}$	31,75	41,91	38,95	11	9	228,61	240,04	236,79	10
$1^{1}/_{2}$	38,10	47,81	44,85	11	10	254,01	265,44	262,19	10
$1^{3}/_{4}$	44,45	53,75	50,79	11	11	279,41	290,84	286,78	8
2	50,80	59,62	50,66	11	12	304,81	316,24	312,18	8
$2^{1}/_{4}$	57,15	65,71	62,76	11	13	330,21	347,49	343,42	8
$2^{1}/_{2}$	63,50	75,19	72,23	11	14	355,61	372,89	368,82	8
$2^{3}/_{4}$	69,85	81,54	78,58	11	15	381,01	398,29	394,22	8
3	76,20	87,89	84,93	11	16	406,42	423,69	419,62	8
$3^{1}/_{4}$	82,55	93,98	91,03	11	17	431,82	449,09	445,02	8
$3^{1}/_{2}$	88,90	100,33	97,38	11	18	457,22	474,49	470,42	8

§ 3. Nieten.

Als Nietmaterial wird Flußstahl St 34.13 genommen.

In den folgenden Figuren bedeutet
d den Nietdurchmesser in mm,

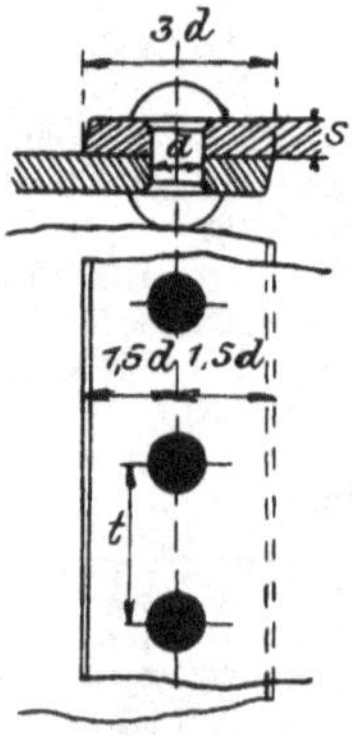

Fig. 69.

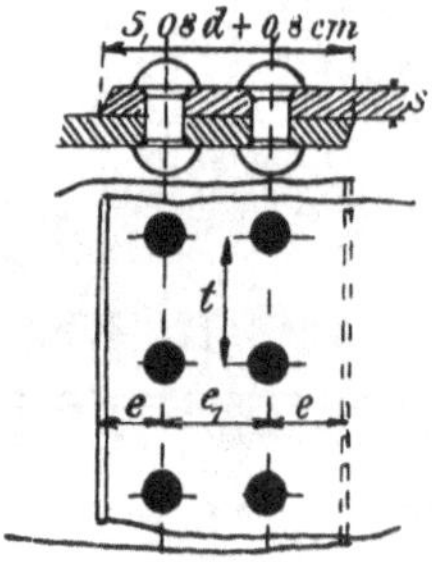

Fig. 70.

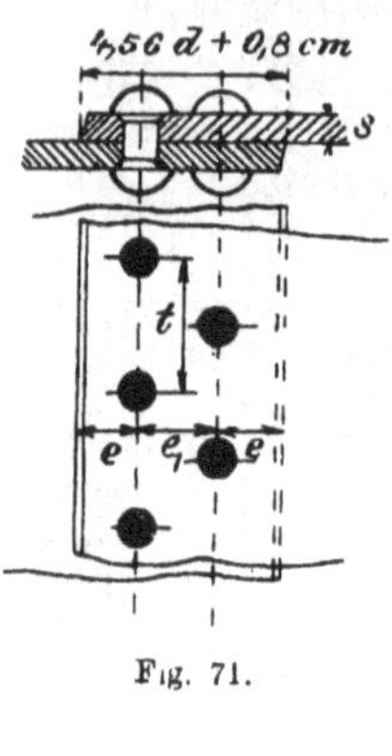

Fig. 71.

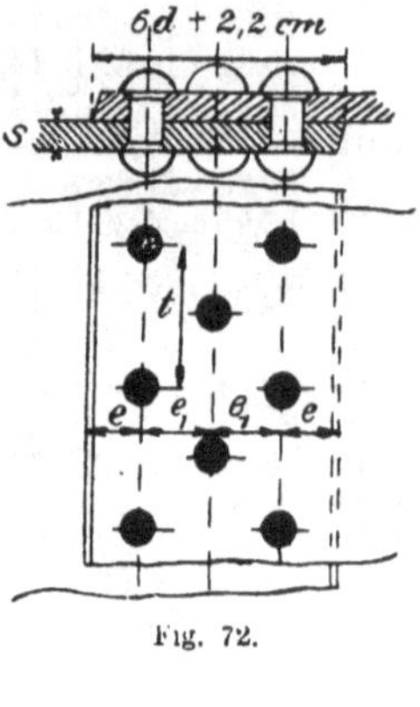

Fig. 72.

s die Blechstärke in mm,
s_1 die Laschenstärke in mm,
t die Teilung in mm, d. h. den Abstand der Nietmitten voneinander,
i mit Rücksicht auf das Verstemmen erwünschte Teilung,
k_n den durch 1 cm² Nietquerschnitt hervorgerufenen Gleitwiderstand in kg/cm².

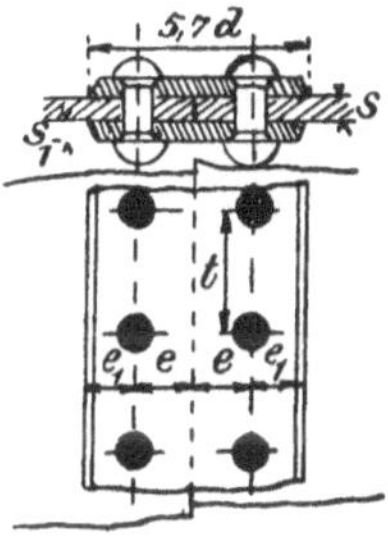

Fig. 73.

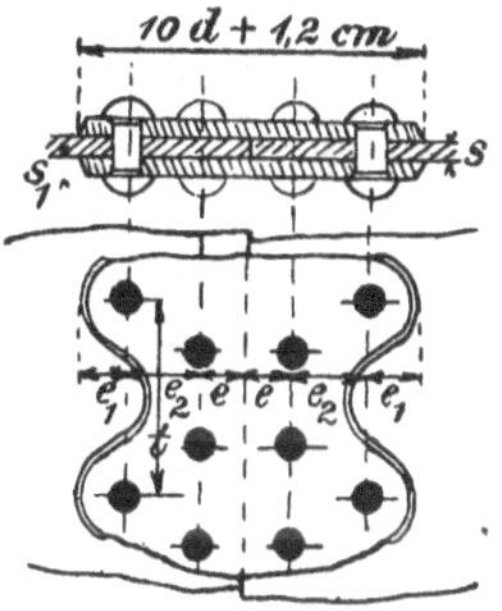

Fig. 74.

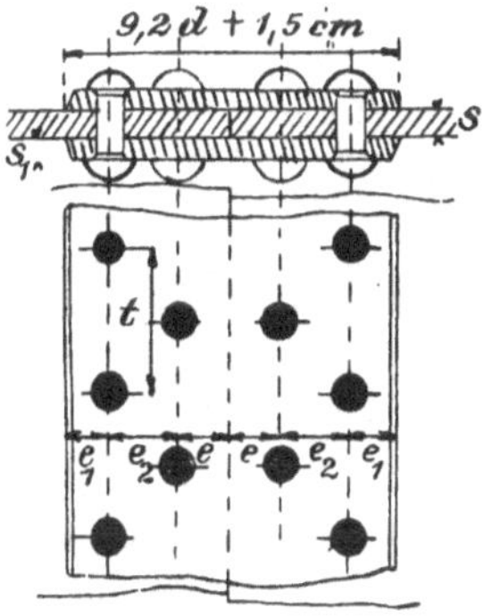

Fig. 75

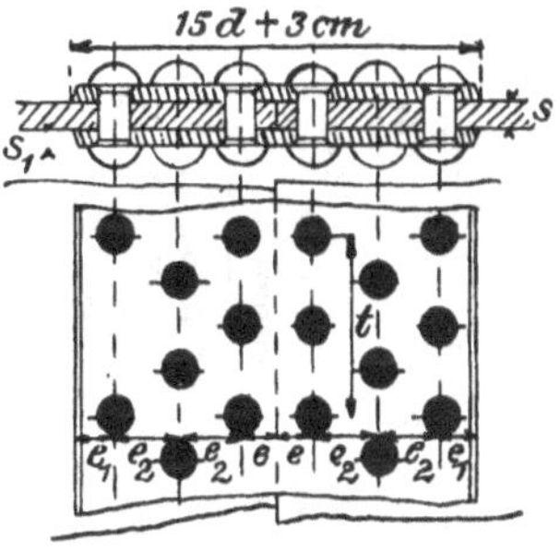

Fig. 76.

Abmessungen	Fig. 69	Fig. 70	Fig. 71	Fig. 72	Fig. 73	Fig. 74	Fig. 75	Fig. 76
	Einschnittige Nietung				Zweischnittige Nietung			
	einreihig	zweireihig		dreireihig	einreihig	zweireihig		dreireihig
	Kettennietung		Zickzacknietung		Kettennietung		Zickzacknietung	
cm	cm	cm	cm	cm	cm	cm	cm	cm
d	$\sqrt{5s} - 0{,}4$	$\sqrt{5s} - 0{,}4$	$\sqrt{5s} - 0{,}4$	$\sqrt{5s} - 0{,}4$	$\sqrt{5s} - 0{,}5$	$\sqrt{5s} - 0{,}6$	$\sqrt{5s} - 0{,}6$	$\sqrt{5s} - 0{,}7$
i	$2d + 0{,}8$	$2{,}6\,d + 1{,}0$	$2{,}6d + 1{,}5$	$3\,d + 2{,}2$	$2{,}6d + 1{,}0$	$5d + 1{,}5$	$3{,}5d + 1{,}5$	$6\,d + 2{,}0$
e	$1{,}5\,d$	$1{,}5\,d$	$1{,}5\,d$	$1{,}5\,d$	$1{,}5\,d$	$1{,}5\,d$	$1{,}5\,d$	$1{,}5\,d$
e_1	—	$0{,}8\,t$	$0{,}6\,t$	$0{,}5\,t$	$0{,}6\,e$	$1{,}5\,d$	$0{,}9\,e$	$1{,}5\,d$
e_2	—	—	—	—	—	$0{,}4\,t$	$0{,}5\,t$	$\frac{3}{8}\,t$
s_1	—	—	—	—	$\frac{5}{8} \div \frac{2}{3}\,s$	$0{,}8\,s$	$\frac{5}{8} \div \frac{2}{3}\,s$	$0{,}8\,s$
k_n kg/cm²	$600 \div 700$	$550 \div 650$	$550 \div 650$	$500 \div 600$	$1000 \div 1200$	$950 \div 1150$	$950 \div 1150$	$900 \div 1100$

Blechstärke s	Fig. 69			Fig. 70 u. 71			Fig. 72			Fig. 73			Fig. 75			Fig. 74			Fig. 76		
	Einschnittige Nietung									Zweischnittige Nietung											
	einreihig			zweireihig			dreireihig			einreihig			zweireihig						dreireihig		
mm	d	t	$\frac{d^2\pi}{4}$	d	t	$\frac{d^2\pi}{4}$	d	t	$\frac{d^2\pi}{4}$	d	t	$\frac{d^2\pi}{4}$	d	t	$\frac{d^2\pi}{4}$	d	t	$\frac{d^2\pi}{4}$	d	t	$\frac{d^2\pi}{4}$
7	15	38	1,77	—	—	—				—	—	—									
8	16	40	2,01	16	57	2,01				15	49	1,77									
9	17	42	2,27	17	59	2,27				16	52	2,01									
10	18	44	2,54	18	62	2,54				17	54	2,27									
11	19	46	2,84	19	64	2,84				18	57	2,54									
12	20	48	3,14	20	67	3,14				19	59	2,84									
13	21	50	3,46	21	70	3,46				20	62	3,14	19	81	2,84						
14	22	52	3,80	22	72	3,80				21	65	3,46	20	85	3,14						
15	23	54	4,15	23	75	4,15				22	67	3,80	21	88	3,46						
16	24	56	4,52	24	77	4,52	24	94	4,52	23	70	4,15	22	92	3,80	22	125	3,8			
17	25	58	4,91	25	80	4,91	25	97	4,91	24	72	4,52	23	95	4,15	23	130	4,15			
18				26	83	5,31	26	100	5,31	25	75	4,91	24	99	4,52	24	135	4,52			
19				27	85	5,73	27	103	5,73	26	78	5,31	25	102	4,91	25	140	4,91			
20				28	88	6,16	28	106	6,16	27	80	5,73	26	106	5,31	26	145	5,31	25	170	4,91
21				28	88	6,16	28	106	6,16				27	109	5,73	—	—	—	25	170	4,91
22				29	90	6,61	29	109	6,61				27	109	5,73	27	150	5,73	26	176	5,31
23				30	93	7,07	30	112	7,07				28	113	6,16	—	—	—	27	182	5,73
24				31	96	7,55	30	112	7,07				29	116	6,61	29	160	6,61	28	188	6,16
25							31	115	7,55				—	—	—	—	—	—	—	—	—
26							32	118	8,04				30	120	7,07	30	165	7,07	29	194	6,61
27							33	121	8,55							—	—	—	—	—	—
28							33	121	8,55							31	170	7,55	30	200	7,07
29							34	124	9,08							—	—	—	—	—	—
30							35	127	9,62							33	180	8,55	32	212	8,04
31																			—	—	—
32																			—	—	—
33																			33	218	8,55
34																			34	224	9,08
35																			35	230	9,62

Die Werte für s, d und t in mm,
" " " $\frac{d^2\pi}{4}$ in cm².

Man unterscheidet:

1. Einschnittige Nietung.
   a) Einreihige Kettennietung.
   b) Zweireihige Kettennietung.
   c) Zweireihige Zickzacknietung.
   d) Dreireihige Zickzacknietung.
2. Zweischnittige Nietung.
   a) Einreihige Kettennietung.
   b) Zweireihige Kettennietung.
   c) Zweireihige Zickzacknietung.
   d) Dreireihige Zickzacknietung.

§ 4. Zahnräder.

1. Allgemeines.

Im folgenden sei t die Teilung, d. h. der Abstand der Zahnmitten zweier aufeinanderfolgender Zähne als Bogen auf dem Teilkreise mit dem Radius r gemessen; dann ist bei z Zähnen

$$2 r \pi = z t;$$

man nimmt die Teilung t als ein Vielfaches von π

$$t = m \pi,$$

also

$$2 r = z m.$$

Hierin ist m der Modul.

Die Teilung t setzt sich zusammen aus der Zahnstärke s und der Lückenweite w. Theoretisch müßte $s = w = 0{,}5\, t$ sein. Praktisch beträgt der Flankenspielraum bei bearbeiteten Zähnen 0,08 + 0,04 m.

Die Zahnkopfhöhe wird gleich m und die Fußhöhe gleich $m + 0{,}16\, m$ gemacht.

Im Übersetzungsverhältnis

$$\varphi = r_1 : r_2 = z_1 : z_2 = n_2 : n_1 = \omega_2 : \omega_1$$

bedeutet

r_1 und r_2 die Teilkreisradien,

z_1 und z_2 die Zähnezahlen,

n_1 und n_2 die Drehzahlen pro Minute,
ω_1 und ω_2 die Winkelgeschwindigkeiten
des treibenden bzw. des getriebenen Rades.

2. Berechnung.

a) Gegeben der Zahndruck P, so gilt die Formel

$$P = c\,b\,t.$$

Das Verhältnis $\frac{b}{t} = \psi$ nimmt man für Räder:

mit rohen Zähnen	$\psi \approx 2$
mit bearbeiteten Zähnen	$\psi \approx 3 \div 5$
in Getriebekästen	$\psi \approx 5 \div 10.$

Der Belastungswert c ergibt sich aus

$$c = \frac{\sigma_{b\,zul}}{14} \cdot \frac{10}{10 + v} \text{ bis } \frac{\sigma_{b\,zul}}{14} \cdot \frac{3}{3 + v},$$

wobei v = Teilkreisgeschwindigkeit.

Für Überschlagsrechnungen kann für c gesetzt werden:

Gußeisen auf Gußeisen	$= 25 \div 30,$
Stahlguß auf Stahlguß	$= 35 \div 65,$
Stahl auf Bronze	$= 50,$
Rohhaut auf Gußeisen	$= 14 - 21,$
Nickelstahl	$= 100 \div 125,$
Chromnickelstahl	$= 150 \div 200.$

Zähnezahlen:

für Krafträder	$\geqq 10,$
für Arbeitsräder	$\geqq 24.$

b) Gegeben die Leistung N in PS $\left(\frac{\text{kW}}{0{,}736}\right)$ und die minutliche Drehzahl n.

Es berechnet sich das Drehmoment zu

$$M_t = 71\,620 \frac{N}{n} = P\,r.$$

Da

$$P = c\,b\,t = c\,\psi\,t^2$$

und

$$r = \frac{zt}{2\pi}$$

ist, so ergibt sich die Teilung

$$t = \sqrt[3]{\frac{2\pi M_t}{c\psi z}}\ \text{cm}$$

oder

$$t = 10\sqrt[3]{\frac{450\,N}{c\,\psi\,z\,n}}\ \text{cm}.$$

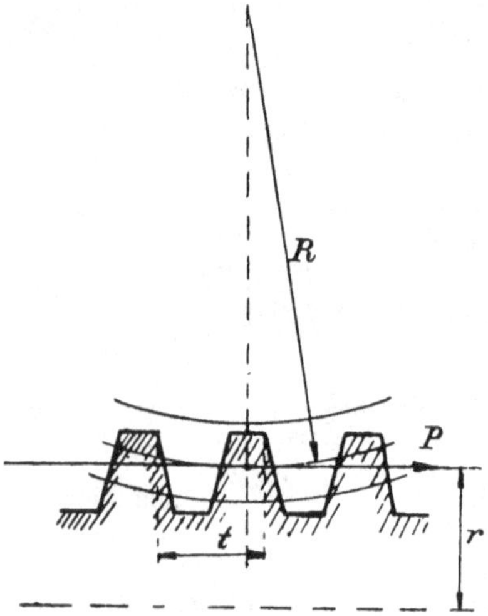

Fig. 77.

3. Schnecken- und Schraubenräder.

An einem Schneckenrädergetriebe (Fig. 77) sei

P der Zahndruck in kg,

R der Teilkreisradius des Schneckenrades in cm,

r der mittlere Schneckenradius in cm,

h die Ganghöhe der Schnecke in cm,

μ der Reibungskoeffizient,

dann berechnet sich das Drehmoment, welches zum Drehen der Schraube nötig ist, zu

$$M_t = (1{,}02 \div 1{,}1) \cdot P \cdot r \cdot \frac{2\pi r \mu + h}{2\pi r - \mu h}.$$

Es ist

für eine eingängige Schraube $h = t$,
für eine zweigängige Schraube $h = 2t$, usw.,
für Gußeisen $\mu = 0{,}1$,
für Stahl und Phosphorbronze $\mu = 0{,}03$.

Aus der obigen Gleichung ist P bekannt; dieser Wert wird in die Gleichung $P = c\,b\,t$ eingesetzt. Man nimmt

$$\psi = \frac{b}{t} = 1{,}5 \div 2{,}5,$$

$$c = 18 \div 28$$

für Gußeisen, wenn Festigkeit in Betracht kommt,

$$c = 8 \div 20$$

für Gußeisen, wenn Abnutzung in Betracht kommt,

$$c = 32 \div 50$$

für Stahl auf Phosphorbronze.

§ 5. Reib- und Keilräder.

Der Druck, mit dem die Räder zusammengedrückt werden, um die Umfangskraft P kg übertragen zu können, sei gleich Q kg. Ist μ der Reibungskoeffizient,

$$\left.\begin{array}{l}\mu = 0{,}10 \div 0{,}15\\ \mu = 0{,}15 \div 0{,}20\\ \mu = 0{,}20 \div 0{,}30\\ \mu = 0{,}20 \div 0{,}50\end{array}\right\} \text{ für Gußeisen auf } \left\{\begin{array}{l}\text{Gußeisen,}\\ \text{Papier,}\\ \text{Leder,}\\ \text{Holz,}\end{array}\right.$$

so gilt:

1. für zwei zylindrische Reibräder die Beziehung

$$P \leqq \mu Q \text{ (Fig. 78),}$$

2. für zwei Keilräder zur Übertragung größerer Kräfte die Beziehung

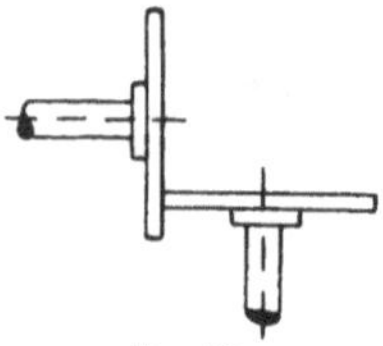

Fig. 78.

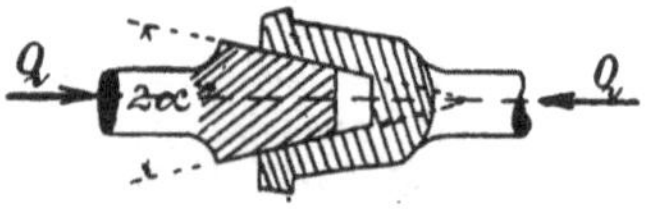

Fig. 79.

$$P \leqq Q \frac{\mu}{\sin\alpha + \mu\cos\alpha} \quad \text{(Fig. 79).}$$

Man nimmt $\alpha \approx 15^0$.

§ 6. Riemen- und Seiltrieb.

Wenn ein Seil oder Riemen um einen Zylinder mit dem Beaufschlagungswinkel α geschlungen und S_1 die Spannkraft im ziehenden Teil, S_2 die Spannkraft im gezogenen Teil des Seiles ist, so ist die zu übertragende Umfangskraft

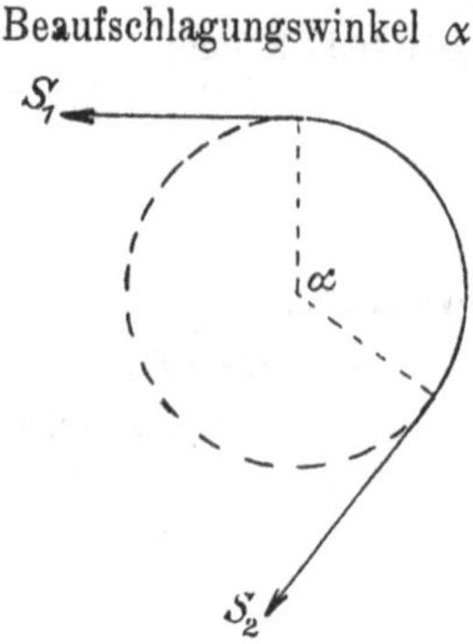

Fig. 80.

$$P = S_1 - S_2 \text{ (Fig. 80).}$$

Zwischen S_1 und S_2 besteht Gleichgewicht, wenn

$$S_1 = S_2\, e^{\mu_0 \alpha}$$

ist.

Die größte Umfangskraft, welche sich ohne Gleitung durch die Scheibe übertragen läßt, ist also

$$P = S_2\, (e^{\mu_0 \alpha} - 1);$$

hierin bedeutet

e die Basis der natürlichen Logarithmen,

μ_0 den Reibungskoeffizient der Ruhe.

1. Riementrieb.

Es sei

N die zu übertragende Leistung in PS oder in $\frac{\text{kW}}{0{,}736}$

v die Riemengeschwindigkeit in m/s,

P die zu übertragende Kraft in kg,

$f = b\,\delta$ der Riemenquerschnitt in cm²,

D der Scheibendurchmesser in m,

n die Drehzahl in der Minute,

μ der Reibungskoeffizient zwischen Riemen und Scheibe,

σ_{zul} die zulässige Zugspannung in kg/cm² = 33 kg/cm²

$g = 9{,}81$ m/s² die Beschleunigung beim freien Fall,

α der kleinere von beiden Beaufschlagungswinkeln in Bogenmaß,

q das Gewicht des Riemens für 1 m Länge und 1 cm² Querschnitt,

dann ist unter Berücksichtigung der Fliehkraft

$$P = \sigma_z f = \sigma_z b\,\delta.$$

Hierin ist

$$\sigma_z = \left(\sigma_{\text{zul}} - q\,\frac{v^2}{g}\right)\frac{e^{\mu\alpha} - 1}{e^{\mu\alpha}}.$$

(Über Werte von μ s. „Reibung".)

Für offene Riemen ist $\sigma_z \approx 10 \div 12{,}5$, für geschränkte Riemen dagegen niedriger zu wählen.

Es ist

$$N = \frac{P\,v}{75} = \frac{\sigma_z b\,\delta\,D\,\pi\,n}{75 \cdot 60},$$

$$\delta = 0{,}5 \div 0{,}9 \text{ cm},$$

$$b \leqq 20 \div 30 \text{ cm},$$

$$v = 3 \div 50 \text{ m/s}.$$

2. Seiltrieb.

a) Drahtseile.

$v = 25$ m/s bei größeren Kräften,

$v = 6 \div 10$ m/s bei kleineren Kräften.

$$P = \frac{\pi d^2}{4} \cdot \sigma_{zul} \approx 100\, d^2 \quad (d = \text{Seildurchmesser}),$$

wobei der Seilscheibendurchmesser $D = 150 \div 200\, d$ ist.

Ist N PS $\left(\frac{\text{kW}}{0,736}\right)$, n/Minute und v m/s gegeben, so folgt aus der Gleichung

$$N = \frac{P v}{75}$$

mit $P = 100\, d^2$

$$d^2 = \frac{3}{4} \cdot \frac{N}{v}$$

und unter der Voraussetzung, daß $D = 200\, d$ ist,

$$d = 1,93 \sqrt[3]{\frac{N}{n}}.$$

Berechnung eines Seiles auf Zugfestigkeit:

Ist

Q die Last in kg,

l die Länge des hängenden Seilstückes in m,

q das Seilgewicht in kg/m $= (0,75 \div 0,80)\ i \cdot \delta^2$, so ist bei i Drähten vom Durchmesser δ cm

$$\frac{Q + q\, l}{i \frac{\delta^2 \pi}{4}} + 2000\,000 \frac{\delta}{D} \leqq \sigma_{zul}.$$

Für Seile aus Tiegelstahldraht ist

bei Menschenförderung $\sigma_{zul} \div 2500$ kg/cm² zulässig.

ohne Menschenförderung $\sigma_{zul} \div 3500$ kg/cm² zulässig.

b) Hanfseile.

Man nimmt die Seilgeschwindigkeit

$$v = 15 \div 20 \text{ m/sek.}$$

Mit der Umfangskraft geht man bis

$$P = 3\, d^2 \div 4\, d^2 \quad \text{bei} \quad D \geqq 30\, d \quad \text{und} \quad \alpha \geqq 2,5,$$

$$P = 5\, d^2 \div 6\, d^2 \quad \text{bei} \quad D \geqq 50\, d \quad \text{und} \quad \alpha \geqq 3,0,$$

wenn

D der Scheibendurchmesser in cm,
d der Seildurchmesser in cm,
α der Beaufschlagungswinkel

ist.

Die Anzahl der Seile z ergibt sich aus der Gleichung

$$d^2 z = (12{,}5 \div 25) \cdot \frac{N}{v},$$

wenn $P = 6 \div 3\, d^2$ ist.

Drahtseile für Krane, Flaschenzüge u. dgl. (DIN 655).

Litzen	Drahtzahl je Litze	Gesamtdrahtzahl	Seildurchmesser mm	Drahtdurchmesser mm	Gesamter Drahtquerschnitt mm²	Gewicht kg/m	Drahtfestigkeit kg/mm² 130	160	180
							Seilbruchfestigkeit kg		
A.									
6	19	114	6,5	0,4	14,3	0,135	1 860	2 290	2 570
			8	0,5	22,4	0,21	2 910	3 580	4 030
			9,5	0,6	32,2	0,30	4 190	5 150	5 800
			11	0,7	43,9	0,41	5 700	7 020	7 900
			13	0,8	57,3	0,51	7 450	9 170	10 310
			14	0,9	72,5	0,63	9 430	11 600	13 050
			16	1,0	89,4	0,81	11 620	14 300	16 090
			17	1,1	108,3	1,02	14 080	17 330	19 490
			19	1,2	128,9	1,22	16 760	20 620	23 300
			20	1,3	151,3	1,43	19 670	24 190	27 230
			22	1,4	175,5	1,66	22 820	28 060	31 590
B.									
6	37	222	9	0,4	27,9	0,26	3 630	4 460	5 020
			11	0,5	43,6	0,41	5 670	6 980	7 850
			13	0,6	62,8	0,59	8 160	10 050	11 300
			15	0,7	85,4	0,81	11 100	13 660	15 370
			18	0,8	111,6	1,06	14 510	17 860	20 090
			20	0,9	141,2	1,34	18 360	22 590	25 420
			22	1,0	174,4	1,65	22 670	27 900	31 390
			24	1,1	211,0	2,00	27 430	33 750	37 980
			26	1,2	251,1	2,38	32 670	40 180	45 200
			28	1,3	294,7	2,80	38 310	47 150	53 050
			31	1,4	341,7	3,24	44 420	54 670	61 510
			33	1,5	392,3	3,72	51 000	62 770	70 610

Litzen	Drahtzahl je Litze	Gesamtdrahtzahl	Seildurchmesser mm	Drahtdurchmesser mm	Gesamter Drahtquerschnitt mm²	Gewicht kg/m	Drahtfestigkeit kg/mm² 130	160	180
							Seilbruchfestigkeit kg		
			35	1,6	446,4	4,24	58 030	71 420	80 350
			37	1,7	503,9	4,78	65 510	80 620	90 700
			39	1,8	564,9	5,36	73 440	90 380	101 680
			42	1,9	629,4	5,97	81 820	100 700	113 290
			44	2,0	697,4	6,62	90 660	111 600	125 530
C. 6	61	366	20	0,7	140,9	1,33	18 320	22 540	25 360
			22	0,8	183,9	1,74	23 900	29 420	33 100
			25	0,9	232,8	2,21	30 260	37 250	41 900
			28	1,0	287,5	2,73	37 380	46 000	51 750
			31	1,1	347,8	3,30	45 210	55 650	61 600
			34	1,2	413,9	3,93	53 800	66 200	74 500
			36	1,3	485,8	4,61	63 150	77 730	87 440
			39	1,4	563,4	5,35	73 240	90 140	111 410
			42	1,5	646,8	6,14	84 080	103 490	116 420
			45	1,6	735,9	6,99	95 670	117 740	132 460
			48	1,7	830,7	7,89	107 990	132 910	149 530
			51	1,8	931,4	8,84	121 080	149 020	167 650
			53	1,9	1034,7	9,95	134 900	166 030	186 790
			56	2,0	1149,8	10,92	149 470	183 970	206 960

Hanfseile:

Seildicke mm	Seilgewicht kg/m	Tragkraft in kg bei 8-facher Sicherheit		
		Russischer Reinhanf	Reiner Schleißhanf	Badischer Schleißhanf
13	0,14	130	145	165
16	0,21	200	230	251
18	0,25	254	290	330
20	0,31	314	350	393
23	0,39	416	470	519
26	0,51	531	600	663
29	0,67	660	740	825
33	0,80	855	960	1 067
36	0,96	1 017	1 145	1 271
39	1,15	1 194	1 340	1 492

Seildicke mm	Seilgewicht kg/m	Tragkraft in kg bei 8-facher Sicherheit		
		Russischer Reinhanf	Reiner Schleißhanf	Badischer Schleißhanf
46	1,50	1 661	1 870	2 055
52	1,95	2 122	2 390	2 599
55	2,25	2 226	2 493	2 783
60	2,55	2 473	2 755	3 180
65	2,90	2 694	2 984	3 563
70	3,50	2 885	3 221	3 846
75	3,90	3 160	3 587	4 101
80	4,50	3 328	4 020	4 460
85	5,00	3 757	4 395	4 890
90	5,60	4 133	4 848	5 404
95	6,30	4 665	5 400	5 932
100	7,20	5 163	5 887	6 476
110	8,50	6 056	6 886	7 598
120	9,60	7 206	8 051	8 890
130	11,50	8 300	9 286	10 103
140	13,60	9 610	10 577	11 535
150	15,30	10 810	11 700	12 805

§ 7. Ketten.

Unkalibrierte Ketten (DIN 672).

Rundeisen-Durchmesser mm	Innere Gliedbreite mm	Innere Gliedlänge mm	Nutzzugkraft kg	Gewicht kg/m
7	10	22	350	1,1
8	12	24	500	1,35
9,5	14	27	750	2
11	17	31	1 000	2,7
13	20	36	1 500	3,8
16	24	45	2 500	6
19	29	53	3 500	8,1
22	34	62	4 500	11
24	36	67	5 500	13
27	40	75	6 750	17
30	45	84	8 500	21
33	49	92	10 500	25
36	54	100	12 250	30
40	60	110	15 100	36
44	66	120	18 500	45

Kalibrierte Ketten (Din 671).

Rundeisendurchmesser mm	Innere Gliedbreite mm	Innere Gliedlänge mm	Nutzzugkraft für Handbetrieb kg	Gewicht kg/m
	Handketten			
5	8	18,5	175	0,5
6	8	18,5	250	0,72
	Lastketten			
7	8	22	350	1
8	9,5	24	500	1,3
9,5	11	27	750	1,9
11	13	31	1 000	2,7
13	16	36	1 500	3,75
16	19	45	2 500	5,8
19	23	53	3 500	8
23	28	64	5 000	12

§ 8. Zapfen.

1. Stirn- und Halszapfen.

Die Biegungsbeanspruchung σ_b, sowie die Flächenpressung p kg/cm² müssen innerhalb der zulässigen Grenzen bleiben.

Es sei

P der Zapfendruck in kg,

l die Länge in cm,

D der Durchmesser in cm,

d der innere Durchmesser beim Hohlzapfen in cm,

n die minutliche Umdrehungszahl,

dann berechnet sich der Zapfen mit Rücksicht auf Biegung und Flächenpressung nach den Gleichungen

$$P \frac{l}{2} = W \cdot \sigma_{b\,\mathrm{zul}} = \frac{D^3}{10} \sigma_{b\,\mathrm{zul}} \text{ für volle Zapfen}$$

bzw.

$$P \frac{l}{2} = \frac{D^4 - d^4}{10\,D} \sigma_{b\,\mathrm{zul}} \text{ für hohle Zapfen}$$

und

$$\frac{l}{D} = \sqrt{0{,}2 \frac{\sigma_{b\,zul}}{p}}\,.$$

Werte für $\sigma_{b\,zul}$:

für Flußstahl $400 \div 500$ kg/cm^2,
für Schmiedeeisen $300 \div 400$ kg/cm^2,
für Stahlguß $250 \div 350$ kg/cm^2,
für Gußeisen $150 \div 250$ kg/cm^2.

Werte für p (spez. Flächenpressung):

für gehärteten Vergütungsstahl auf gehärtetem Vergütungsstahl $\div 150$ kg/cm^2,
für gehärteten Vergütungsstahl auf Bronze $\div$ 90 kg/cm^2,
für ungehärteten Vergütungsstahl auf Bronze $\div$ 60 kg/cm^2,
für Stahl auf Bronze $\div$ 40 kg/cm^2,
für Gußeisen auf Bronze $\div$ 30 kg/cm^2,
für Stahl auf Gußeisen $\div$ 25 kg/cm^2,
für Stahl auf Pockholz $\div$ 25 kg/cm^2,
für Kurbel- und Kreuzkopfzapfen $p = 60 \div 70$ bzw. $75 \div 80$ kg/cm^2,
für Schwungradwellenzapfen $p = 15 \div 16$ kg/cm^2,
für Kurbelzapfen bei Lokomotiven $p = 100$ kg/cm^2,
für Kreuzkopfzapfen bei Lokomotiven $p = 150$ kg/cm^2,
für Kurbelzapfen von Lochmaschinen und Scheren $p = 200$ kg/^{2}cm.

Die Lagererwärmung ist abhängig von p und der Zapfengeschwindigkeit $v = \frac{D \cdot \pi \cdot n}{60}$.

Zulässige Werte für $p \cdot v$

8 bis 20 für ungekühlte Gleitlager,
20 bis 60 für Kurbelzapfen ortsfester Maschinen,
70 bis 100 für Kurbelzapfen von Lokomotiven.

2. Spurzapfen.

Der Durchmesser des ebenen Spurzapfens ergibt sich nach der Gleichung

$$P = \frac{d^2 \pi}{4} p \approx 0,8\, d^2 p\,.$$

Für den ringförmigen Spurzapfen wird

$$P = \frac{\pi}{4} (D^2 - d^2)\, p \approx 0,8\, (D^2 - d^2)\, p\,.$$

Für Kammzapfen mit z tragenden Ringen und dem mittleren Durchmesser d_m ist bei einer Ringbreite von b cm (Fig. 81)

$$P = \pi\, d_m\, b\, z\, p$$
$$d_m = \tfrac{1}{2} (D + d),$$
$$b = \tfrac{1}{2} (D - d) \approx 0,1 \div 0,15\, d.$$

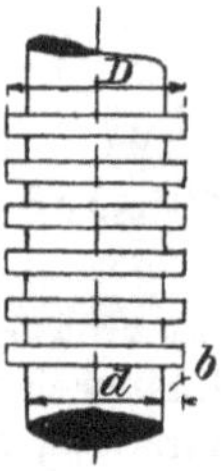

Fig. 81.

Die Werte für p betragen $\approx \frac{1}{2} \div \frac{1}{3}$ der oben angegebenen Werte.

§ 9. Kugellager.

Es sei

P_0 die Last für jede Kugel in kg,
P der Lagerdruck in kg,
d der Kugeldurchmesser in cm,
i die Anzahl der Kugeln.

1. Traglager.

$$P_0 = c\, d^2$$

oder

$$P_0 \approx \frac{5}{i} P\,.$$

Hierin ist $c = 30 \div 50 \div 100$ für gehärtete Stahlkugeln.

2. Spurlager.

$$P_0 = c\,d^2,$$

$$P_0 = \frac{P}{i}.$$

Hierin ist $c \approx \frac{50}{v}$, wenn v die Umfangsgeschwindigkeit im Kugelkreis bedeutet.

§ 10. Wellen und Achsen.

1. Wellen.

Wellen dienen zur Übertragung von Kräften; sie werden auf Biegung und Verdrehung beansprucht.

Der Durchmesser normaler Triebwerkwellen aus gewöhnlichem Walzeisen berechnet sich nach der Formel

$$d = \sqrt[3]{\frac{M_t \cdot 16}{\tau_{zul} \cdot \pi}}\ \text{cm}\,.$$

Mit

$$\tau_{zul} = 120\ \text{kg/cm}^2$$

wird

$$d = \sqrt[3]{\frac{M_t}{24}} = \sqrt[3]{3000\,\frac{N}{n}}\ \text{cm}\,,$$

wobei

$$M_t = 71\,620\,\frac{N}{n} = P\,R$$

ist. Es ist 1 PS = 0,736 kW.

2. Achsen.

Achsen werden nur auf Biegung beansprucht. Sie be rechnen sich nach der allgemeinen Biegungsformel

$$M_b = W\sigma_{b\,zul} = \frac{\pi\,d^3}{32}\sigma_{b\,zul}\,.$$

Werte für $\sigma_{b\,zul}$:

Flußstahl	$\sigma_{b\,zul} = 400 \div 600$	kg/cm²,
Flußeisen	$\sigma_{b\,zul} = 300 \div 400$	kg/cm²,
Schweißeisen	$\sigma_{b\,zul} = 300$	kg/cm²,
Stahlguß	$\sigma_{b\,zul} = 250 \div 300$	kg/cm²,
Gußeisen	$\sigma_{b\,zul} = 130 \div 250$	kg/cm²,
Eichenholz	$\sigma_{b\,zul} = 60$	kg/cm².

Die Drehzahlen je Minute für Triebwerkwellen sind üblicherweise für

Hauptwellen	100÷300,
schwere Metallbearbeitungsmaschinen	100÷300,
leichte „	150÷500,
Nebenwellen	200÷600,
Holzbearbeitungsmaschinen	250÷600÷1000,
Textilmaschinen	300÷800.

Durchmesser *d* normaler Triebwerkwellen in mm

($\tau_{zul} = 120$ kg/cm²):

N PS	Drehzahl *n* pro Minute														
	40	60	80	100	120	140	160	180	200	225	250	275	300	350	400
1	50	45	45	40	40	35	35	35	35	35	35	30	30	30	30
2	60	55	50	50	45	45	40	40	40	40	40	35	35	35	35
3	65	60	55	50	50	50	45	45	45	45	40	40	40	40	40
4	70	65	60	55	55	50	50	50	50	45	45	45	45	40	40
5	75	65	60	60	55	55	55	50	50	50	50	45	45	45	45
6	75	70	65	60	60	55	55	55	50	50	50	50	50	45	45
8	85	75	70	65	65	60	60	55	55	55	55	50	50	50	50
10	85	80	75	70	65	65	60	60	60	55	55	55	55	50	50
12	90	85	75	75	70	65	65	65	60	60	60	55	55	55	50
14	95	85	80	75	75	70	70	65	65	60	60	60	60	55	55
15	95	85	80	75	75	70	70	65	65	65	60	60	60	55	55
16	100	90	85	80	75	70	70	70	65	65	65	60	60	60	55

N PS	Drehzahl *n* pro Minute														
	40	60	80	100	120	140	160	180	200	225	250	275	300	350	400
18	100	90	85	80	75	75	70	70	70	65	65	65	60	60	60
20	105	95	85	85	80	75	75	70	70	70	65	65	65	60	60
25	110	100	90	85	85	80	80	75	75	70	70	70	65	65	60
30	115	105	95	90	85	85	80	80	75	75	70	70	70	65	65
35	120	105	100	95	90	85	85	80	80	80	75	75	75	70	70
40	120	110	105	100	95	90	85	85	85	80	80	75	75	70	70
45	125	115	105	100	95	95	90	85	85	85	80	80	75	75	70
50	130	115	110	105	100	95	90	90	85	85	85	80	80	75	75
55	130	120	110	105	100	95	95	90	90	85	85	85	80	80	75
60	135	120	115	110	105	100	95	95	90	90	85	85	85	80	75
65	140	125	115	110	105	100	100	95	95	90	90	85	85	80	80
70	140	125	120	110	105	105	100	95	95	90	90	90	85	85	80
75	145	130	120	115	110	105	100	100	95	95	90	90	85	85	80
80	145	130	120	115	110	105	105	100	100	95	95	90	90	85	85
85	145	135	125	120	115	110	105	100	100	95	95	90	90	85	85
90	150	135	125	120	115	110	105	105	100	100	95	95	90	90	85
95	150	135	130	120	115	110	110	105	100	100	95	95	90	90	85
100	155	140	130	120	115	115	110	105	105	100	100	95	95	90	85
105	155	140	130	125	120	115	110	105	105	100	100	95	95	90	90
110	155	140	130	125	120	115	110	110	105	105	100	100	95	90	90
115	160	145	135	125	120	115	115	110	105	105	100	100	95	95	90
120	160	145	135	130	120	120	115	110	110	105	100	100	100	95	90
130	—	150	140	130	125	120	115	115	110	105	105	100	100	95	95
140	—	150	140	135	125	120	120	115	110	110	105	105	100	100	95
150	—	155	145	135	130	125	120	115	115	110	110	105	105	100	95
160	—	155	145	135	130	125	120	120	115	110	110	105	105	100	100
170	—	160	145	140	135	130	125	120	120	115	110	110	105	105	100
180	—	160	150	140	135	130	125	120	120	115	115	110	110	105	100
190	—	160	150	145	135	130	130	125	120	120	115	110	110	105	100
200	—	—	155	145	140	135	130	125	120	120	115	115	110	105	105
220	—	—	155	150	140	135	130	130	125	120	120	115	115	110	105
240	—	—	160	150	145	140	135	130	130	125	120	120	115	110	110
260	—	—	165	155	145	140	135	135	130	125	125	120	120	115	110
280	—	—	165	160	150	145	140	135	135	130	125	120	120	115	110
300	—	—	170	160	150	145	140	140	135	130	130	125	120	120	115
320	—	—	170	165	155	150	145	140	135	135	130	125	125	120	115
340	—	—	175	165	160	150	145	145	140	135	130	130	125	120	120
360	—	—	180	170	160	155	150	145	140	135	135	130	130	125	120

Leistung normaler Triebwerkwellen ($\tau_{zul} = 120$ kg/cm²):

d cm	M_t cm kg	$\frac{N}{n}$	d cm	M_t cm kg	$\frac{N}{n}$	d cm	M_t cm kg	$\frac{N}{n}$	d cm	M_t cm kg	$\frac{N}{n}$
3,0	648	0,009	6,0	5184	0,072	9,0	17496	0,243	14,0	65856	0,915
3,5	1029	0,014	6,5	6591	0,092	9,5	20577	0,286	15,0	81000	1,125
4,0	1536	0,021	7,0	8232	0,114	10,0	24000	0,333	16,0	98304	1,365
4,5	2187	0,030	7,5	10125	0,141	11,0	31944	0,444	17,0	117912	1,638
5,0	3000	0,042	8,0	12288	0,171	12,0	41472	0,576	18,0	139968	1,944
5,5	3993	0,055	8,5	14739	0,205	13,0	52728	0,732	20,0	192000	2,666

§ 11. Bremsvorrichtungen.

Es bezeichne

P die Bremskraft am Umfange der Bremsscheibe in kg,
K die Kraft am Bremshebelgriff in kg,
μ den Reibungskoeffizienten der gleitenden Reibung,
$\mu = 0{,}18 \div 0{,}25$ für Eisen auf Eisen,
$\mu < 0{,}5$ für Holz auf Eisen (trocken).

1. Backenbremsen:

$$K = P \frac{b}{a+b}\left(\frac{1}{\mu} + \frac{c}{b}\right) \text{ für Drehrichtung links}$$
$$K = P \frac{b}{a+b}\left(\frac{1}{\mu} - \frac{c}{b}\right) \text{ für Drehrichtung rechts}$$

siehe Fig. 82.

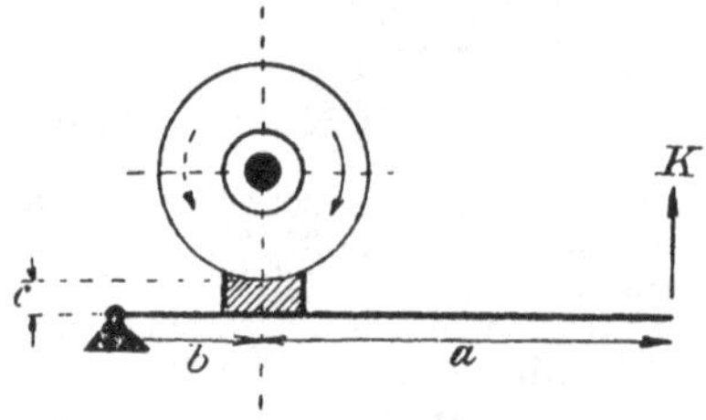

Fig. 82.

Wenn statt der flachen Backen eine Keilnute mit dem

Nutenwinkel 2α angewendet wird, so ist statt μ zu setzen

$$\frac{\mu}{\sin\alpha + \mu\cos\alpha}.$$

2. Bandbremsen.

Es bedeute

T die Spannkraft im ablaufenden Band,
t die Spannkraft im auflaufenden Band,
$b \leqq 8$ cm die Breite des Bandes,
$s \div 0{,}4$ cm die Dicke des Bandes,
α den vom Bremsband umspannten Bogen,
σ_{zul} die zulässige Zugspannung des Bandes,
$e = 2{,}718 \ldots$ die Basis der natürlichen Logarithmen.

Dann ist

$$T = \frac{P}{e^{\mu\alpha} - 1},$$
$$t = T\,e^{\mu\alpha};$$

für $\frac{\alpha}{2\pi} = 0{,}7$ und $\mu = 0{,}18$ ist $e^{\mu\alpha} = 2{,}21$, mithin

$$T = 0{,}83\,P,$$
$$t = 2{,}21\,T = 1{,}83\,P.$$

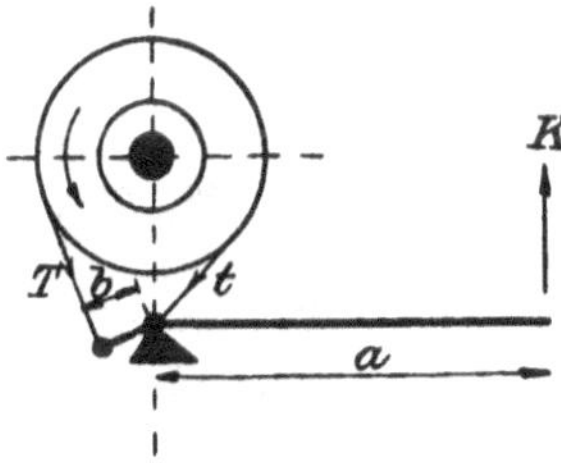

Fig. 83.

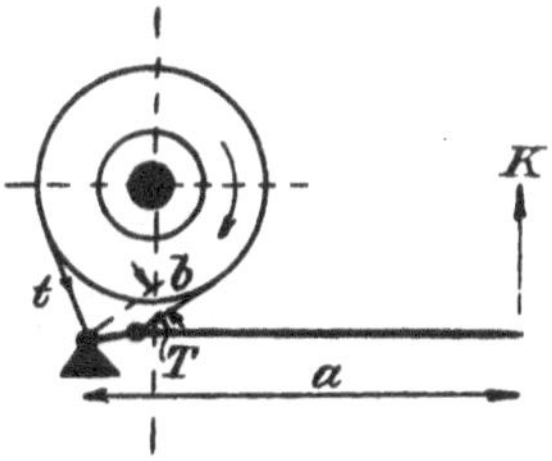

Fig. 84.

Der Bandquerschnitt ergibt sich aus der größten Spannkraft nach der Formel

$$b\,s = \frac{t}{\sigma_{zul}} = \frac{P}{\sigma_{zul}}\,\frac{e^{\mu\alpha}}{e^{\mu\alpha} - 1}.$$

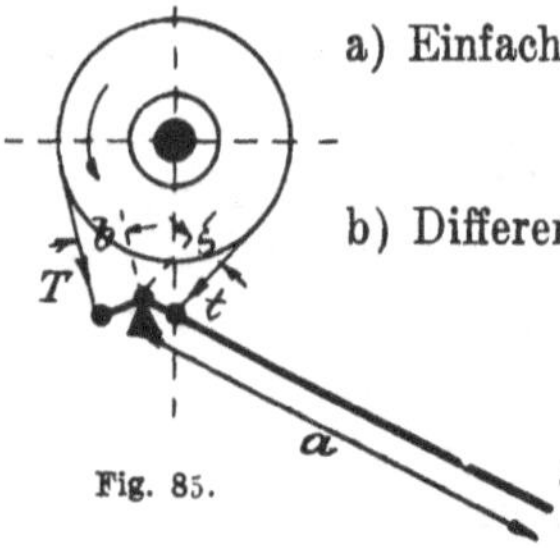

Fig. 85.

a) Einfache Bandbremsen (Fig. 83 u. 84).

$$K = T\frac{b}{a}.$$

b) Differentialbremsen (Fig. 85).

$$K = \frac{Tb - ts}{a}$$

$$= \frac{P}{a}\,\frac{b - s\,e^{\mu\alpha}}{e^{\mu\alpha} - 1}.$$

§ 12. Einfache Maschinen.

1. Einarmiger Hebel.

$$P = Q\frac{b}{a};\; a = \frac{Q\,l}{P - Q}.$$

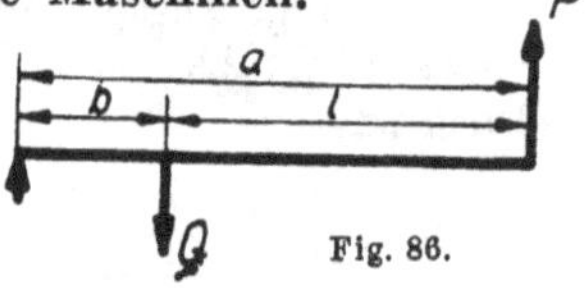

Fig. 86.

$$P = Q\frac{b}{a};\; a = \frac{Q\,l}{P - Q}.$$

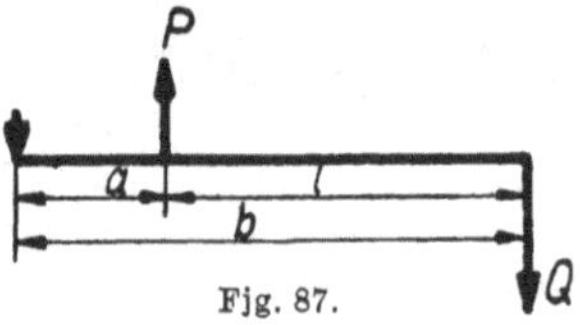

Fig. 87.

2. Zweiarmiger Hebel.

$$P = Q\frac{b}{a};\; a = \frac{Q\,l}{Q + P}.$$

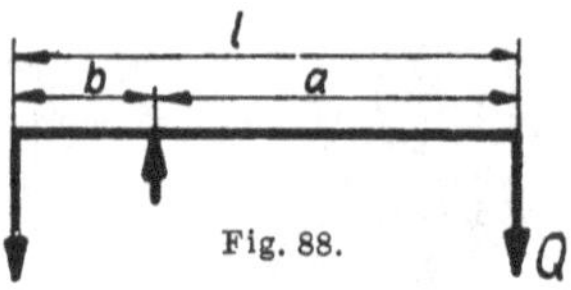

Fig. 88.

3. Seil- und Kettentrommel.

$$P = Q\frac{r}{R}.$$

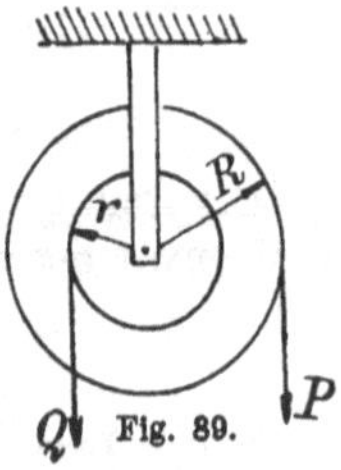

Fig. 89.

4. Vorgelege.

$$P = Q \frac{r\, r_1}{R\, R_1}.$$

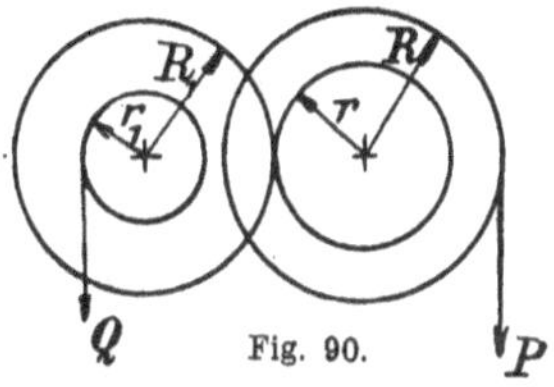

Fig. 90.

5.
Lose Rollen.

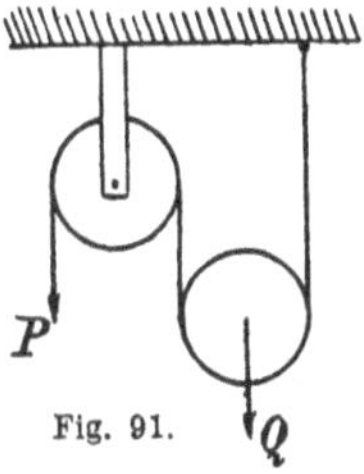

Fig. 91.

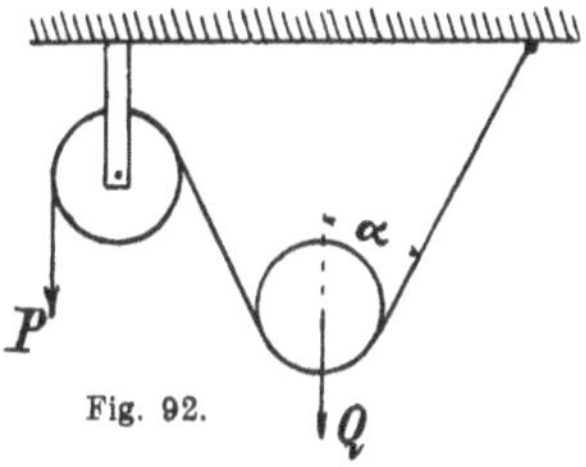

Fig. 92.

$$P = \frac{Q}{2}.$$

$$P = \frac{Q}{2 \cos \alpha}.$$

6. Potenzflaschenzug.
n lose Rollen,
S Kraftweg,
s Lastweg.

$$P = \frac{Q}{2^n},$$

$$s = \frac{S}{2^n}.$$

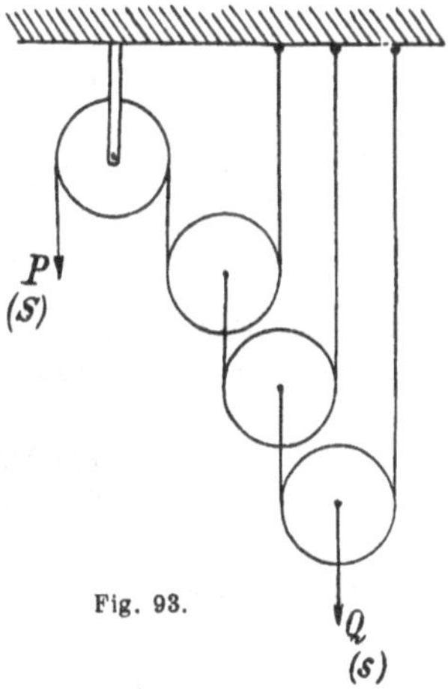

Fig. 93.

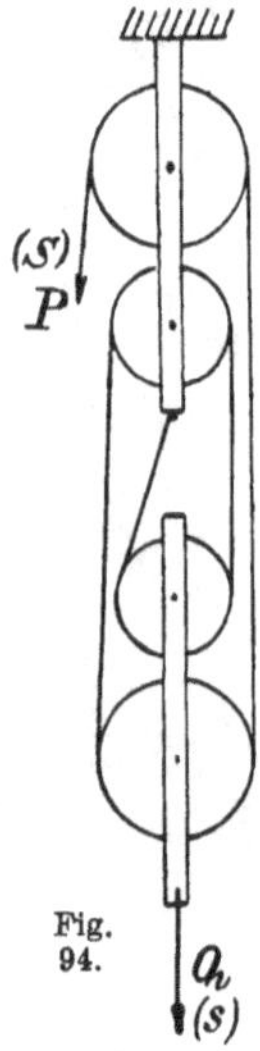

Fig. 94.

7. Faktorenflaschenzug.

n Rollen.

$$P = \frac{Q}{n},$$

$$s = \frac{S}{n}.$$

8. Differentialflaschenzug.

$$P = Q\,\frac{R - r}{2R},$$

$$s = S\,\frac{R - r}{2R}.$$

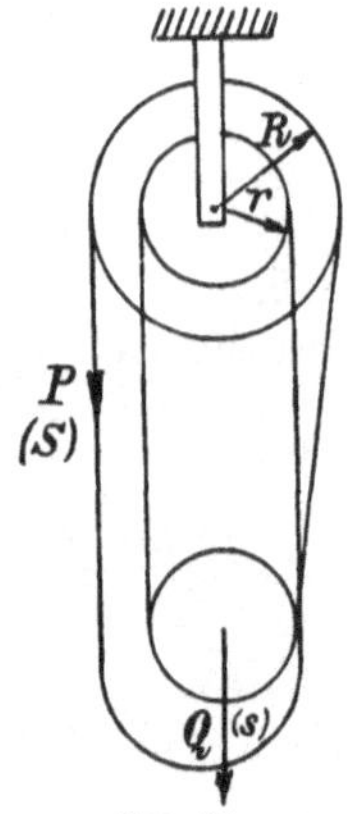

Fig. 95.

§ 13. Dampfkessel.

1. Die Blechstärken zylindrischer Dampfkesselwandungen mit innerem Überdruck berechnen sich nach der Formel

$$s = D\,\frac{p\,S}{2\,\sigma_B\,\nu},$$

worin s die Blechstärke in cm,
D der innere Kesseldurchmesser in cm,
p der größte Betriebsüberdruck in kg/cm^2,
$S = 4{,}75$ bei Überlappungsnietung,
$= 4{,}25$ bei Doppellaschennietung der Sicherheitsgrad gegen Zerreißen,
σ_B die Zugfestigkeit des Bleches in kg/cm^2,
ν das Verhältnis $\dfrac{\text{Festigkeit der Nietnaht}}{\text{Festigkeit d. vollen Bleches}} = 0{,}56 \div 0{,}75$

ist. s darf den Wert 0,7 cm nicht unterschreiten; c_B kann zu ≈ 3800 kg/cm² angenommen werden.

2. Die Blechstärken der Flammrohre mit äußerem Überdruck ergeben sich nach der Formel

$$s = \frac{p\,d}{2000}\left(1 + \sqrt{1 + \frac{a}{p}\,\frac{l}{(l+d)}}\right) + 2\text{ mm}\,.$$

Hierin bedeutet

s die Blechstärke in mm ($\geqq 0{,}7$ cm),
p den größten Betriebsüberdruck in kg/cm²,
d den inneren Flammrohrdurchmesser in mm,
l die Länge des Flammrohres bzw. die Entfernung der Versteifungen in mm,
$a = 100$ für liegende Rohre,
$= 70$ für stehende Rohre.

3. Leistungstabelle für Brennstoffe.

Feuerung	Brennstoff	Stündlich auf 1 m² Heizfläche: Brennstoffverbrauch in kg	Stündlich auf 1 m² Heizfläche: erzeugte Dampfmenge in kg	Zulässiger Brennstoffverbrauch in 1 Stde. auf 1 m² Rostfläche in kg	Erzeugte Dampfmenge für 1 kg Brennstoff in kg
schwach	Steinkohle .	1,2	10	60	8,3
	Braunkohle	3,0		100	3,3
	Koks	2,0		40	5,0
	Torf	2,5		70	4,0
	Holz	2,5		70	4,0
	Lohe	2,4		60	4,5
	Sägespäne..	2,4		60	4,5
schärfer (normal)	Steinkohle .	2,0	16	70 ÷ 90	8,0
	Braunkohle	5,5		120 ÷ 180	3,0
	Koks	4,0		50	4,5
	Torf	4,5		90	3,5

Feuerung	Brennstoff	Stündlich auf 1 m² Heizfläche: Brennstoffverbrauch in kg	Stündlich auf 1 m² Heizfläche: erzeugte Dampfmenge in kg	Zulässiger Brennstoffverbrauch in 1 Stde auf 1 m² Rostfläche in kg	Erzeugte Dampfmenge für 1 kg Brennstoff in kg
schärfer (normal)	Holz	4,5	16	90	3,75
	Lohe	4,25		75	3,75
	Sägespäne..	4,25		75	4,0
angestrengt	Steinkohle .	3,3	23	90 ÷ 100	7,0
	Braunkohle	8,5		190 ÷ 250	2,6
	Koks	6		60	4,0
	Torf	6,5		100	3,0
	Holz	6,5		100	3,5
	Lohe	6,25		100	3,6
	Sägespäne..	6,25		100	3,75
stark angestrengt	Steinkohle .	5,0	30	110	6,0
	Braunkohle	12,0		260 ÷ 350	2,3
	Koks	7,5		75	3,6
	Torf	8,0		120	2,5
	Holz	8,0		120	3,2
	Lohe	7,75		130	3,4
	Sägespäne..	7,75		130	3,4

In der nachfolgenden Tabelle bezeichnet

B die Brennstoffmenge in kg/h,

D die erzeugte Dampfmenge in kg/h,

H die Heizfläche in m²,

R die gesamte Rostfläche in m²,

L die zur Verbrennung von 1 kg Brennstoff erforderliche Luftmenge in kg,

t die Verbrennungstemperatur auf dem Rost,

t_f die Temperatur der Heizgase im Fuchs,

η_f der Wirkungsgrad der Feuerung,

η_H der Wirkungsgrad der Heizfläche,

η_g der Wirkungsgrad der gesamten Kesselanlage,

$$\eta_g = \frac{\text{von 1 kg Brennstoff a.d. Kessel abgegeb. Wärmemenge}}{\text{von 1 kg Brennstoff erzeugte Wärmemenge.}}$$

Kessel und Verbrennung	$\frac{B}{H}$	$\frac{B}{R}$	$\frac{H}{R}$	L	η_f	t	t_f	η_H	η_g	$\frac{D}{B}$ ohne Vorwärmer	$\frac{D}{B}$ mit Vorwärmer	$\frac{D}{H}$ ohne Vorwärmer	$\frac{D}{H}$ mit Vorwärmer
Feste Kessel: sehr langsam	1	40÷50	40÷50	22,0	0,90	856	169	0,862	0,776	8,95	10,01	8,95	10,01
						978	170	0,861	0,775	8,94	10,00	8,94	10,00
						1223	174	0,858	0,762	8,79	9,83	8,79	9,83
langsam ...	2	50÷70	25÷35	20,5	0,85	865	233	0,811	0,689	7,95	8,89	15,90	17,78
						988	246	0,801	0,681	7,86	8,78	15,72	17,56
						1235	272	0,780	0,663	7,65	8,55	15,30	17,10
normal	3	70÷100	23÷33	19,0	0,85	930	314	0,764	0,649	7,49	8,37	22,47	25,11
						1062	341	0,743	0,631	7,28	8,14	21,84	24,42
						1328	394	0,713	0,596	6,88	7,69	20,64	23,07
lebhaft	5	100	20	17,5	0,80	946	434	0,679	0,543	6,27	7,00	31,35	35,00
						1081	482	0,643	0,514	5,93	6,63	29,65	33,15
						1351	586	0,567	0,454	5,24	5,86	26,20	29,30
Schiffskessel: natürlicher Zug	3÷3,5	85÷90	28	17,5	0,80	946	319÷358	0,821÷0,770	0,657÷0,616	7,17÷6,73	—	21,05÷24,56	—
mäßiger Unterwind ..	4	130÷140	33	17,5	0,80	946	391	0,728	0,582	6,36	—	25,44	—
Lokomotivkessel Gebirgslokomotive .	5÷6	350÷500	70÷100	1 5	0,80	1094	374÷431	0,760÷0,724	0,609÷0,579	6,81÷6,43	—	34,04÷38,57	—
Güterzuglokomotive .	6÷8	350÷500	50÷70	15	0,80	1094	431÷527	0,724÷0,663	0,579÷0,532	6,43÷5,92	—	38,57÷47,36	—
Personenzuglokomotive.	8÷10	350÷500	35÷55	15	0,80	1094	527÷591	0,663÷0,622	0,532÷0,497	5,92÷5 46	—	47,36÷54,6	—

4. Verbrennungstemperatur t.

Es ist

$$t = \frac{H_u + t_L \cdot c_{pL} \cdot L}{c_p \cdot V_g}.$$

Hierin ist

H_u der Wärmewert der aus 1 kg Brennstoff entstandenen Heizgase,

t_L die Temperatur der zugeführten Luft,

c_{pL} die spez. Wärme der Luft bei konst. Druck,

c_p die spez. Wärme der Heizgase bei konst. Druck,

V_g die Heizgasmenge in kg für 1 kg Brennstoff.

5. Brennstoffleistung.

Die in einer Stunde erzeugte Dampfmenge beträgt in kg

$$D = \eta_f \cdot \eta_H \cdot \frac{H_u}{i''} \cdot B = \eta_g \cdot \frac{H_u}{i''} \cdot B.$$

Hierin ist

H_u der Heizwert des Brennstoffes,

i'' die Wärmemenge zur Erzeugung von 1 kg trockenem Dampf von t^0 aus Wasser von t_0^0.

Für $i'' = 600$ und $\eta_g = 0{,}7$ ist für

Gichtgas	$D : B =$	$0{,}85 \div 1{,}0$,
Koksofengas		$4{,}5 \div 5{,}3$.

6. Brennstoffmenge.

Die in einer Stunde verbrannte Brennstoffmenge beträgt in kg

$$B = \frac{4680\, m\, v}{L} \cdot R.$$

Hierin ist

v die Luftgeschwindigkeit im Rost $= 0{,}75 \div 1{,}60 \div 4$ m/s,

m das Verhältnis $\frac{\text{freie}}{\text{gesamte}}$ Rostfläche für:

Braunkohlen	$m = 0{,}20 \div 0{,}30$	Holz u. Torf	$m = 0{,}15 \div 0{,}20$
Steinkohlen	$m = 0{,}25 \div 0{,}50$	Koks . . .	$m = 0{,}30 \div 0{,}50$

§ 14.
Gußeiserne Rohre.

1. Abmessungen und Gewichte für gußeiserne Muffenrohre.
DIN 2432

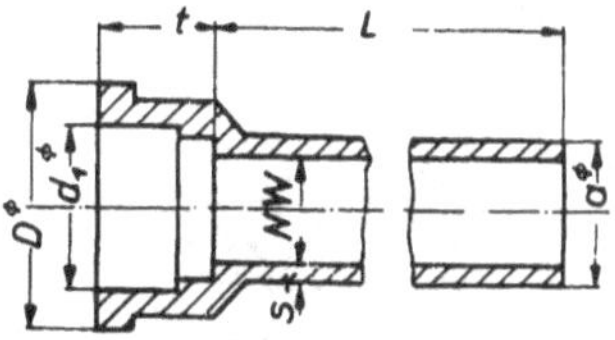

Fig. 96.

Nennweite	Rohr: Außendurchmesser a mm	Rohr: Wanddicke s mm	Rohr: Baulängen L m	Muffe: Innendurchmesser d_1 mm	Muffe: Tiefe t mm	Muffe: Wandstärke mm	Gewicht ohne Muffe kg/m
40	55	7,5	2÷3	69	74	11	8,11
50	65	7,5	2,5÷3	80	77	11	9,82
70	86	8	3÷3,5	101	82	12	14,2
80	97	8,5	3,5÷4	112	84	12,5	17,1
100	118	9	3,5÷4	133	88	13	22,3
125	144	9,5	4	159	91	13,5	29,1
150	170	10	4÷5	185	94	14	36,4
200	222	11	4÷5	238	100	15	52,9
250	274	12	4÷5	291	103	17	71,6
300	326	13	4÷5	343	105	18	92,7
350	378	14	4÷5	395	107	19,5	116
400	428	14	4÷5	447	110	20,5	132
450	480	15	4÷5	499	112	21	159
500	532	16	4÷5	552	115	22,5	188
600	634	17	4÷5	655	120	24	239
700	738	19	4÷5	760	125	26,5	311
800	842	21	4÷5	866	130	29,5	393
900	946	23	4÷5	971	135	31,5	484
1000	1048	24	4÷5	1074	140	33,5	560
1100	1152	26	4÷5	1178	145	36,5	667
1200	1256	28	4÷5	1282	150	39	783

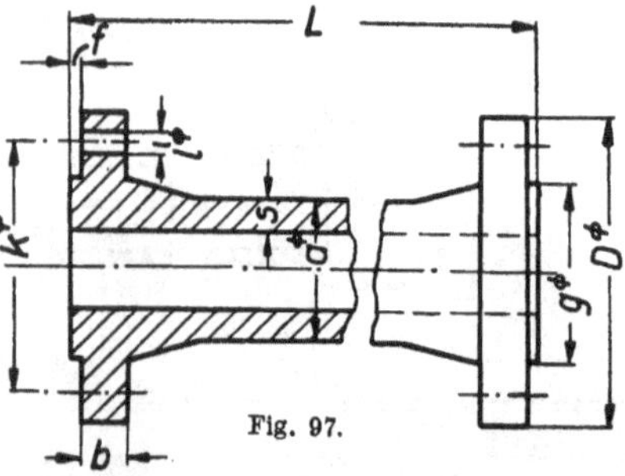

Fig. 97.

2. Abmessungen und Gewichte für gußeiserne Flanschenrohre.
DIN 2422

Lagerlängen 2÷3 m für Rohre bis 170 mm Durchmesser
„ 3÷4 m „ „ über 170 mm „

Nennweite	Rohr: Außendurchmesser a mm	Rohr: Wanddicke s mm	Flansch: Durchmesser D mm	Flansch: Dicke b mm	Flansch: Lochkreisdurchmesser k mm	Schrauben: Zahl	Schrauben: Stärke Zoll	Gewicht ohne Flansch kg/m
40	55	7,5	150	18	110	4	5/8	8,11
50	65	7,5	165	20	125	4	5/8	9,82
70	86	8	185	20	145	4	5/8	14,2
80	97	8,5	200	22	160	4	5/8	17,1
100	118	9	220	22	180	8	5/8	22,3
125	144	9,5	250	24	210	8	5/8	29,1
150	170	10	285	24	240	8	3/4	36,4
200	222	11	340	26	295	12	3/4	52,9
250	274	12	395	28	350	12	3/4	71,6
300	326	13	445	28	400	12	3/4	92,7
350	378	14	505	30	460	16	3/4	116
400	428	14	565	32	515	16	7/8	132
450	480	15	615	32	565	20	7/8	159
500	532	16	670	34	620	20	7/8	188
600	634	17	780	36	725	20	1	239
700	738	19	895	40	840	24	1	311
800	842	21	1015	44	950	24	1 1/8	393
900	946	23	1115	46	1050	28	1 1/8	484
1000	1048	24	1230	50	1160	28	1 1/4	560
1100	1152	26	1340	52	1270	32	1 1/4	667
1200	1256	28	1455	56	1380	32	1 3/8	783

IV. Kapitel.

Elektrotechnik.

§ 1. Maßeinheiten.

1. Elektrische Einheiten.

Größe	Einheit	Verhältnis zur absoluten Einheit	Dimension der absoluten Einheit
Elektromotorische Kraft (Spannung) E	Volt	10^8	$cm^{3/2}\ gr^{1/2}\ sek^{-2}$
Stromstärke I	Ampere	10^{-1}	$cm^{1/2}\ gr^{1/2}\ sek^{-1}$
Widerstand R	Ohm	10^9	$cm\ sek^{-1}$
Elektrizitätsmenge Q	Coulomb	10^{-1}	$cm^{1/2}\ gr^{1/2}$
Kapazität C	Farad	10^{-9}	$cm^{-1}\ sek^2$
Elektrische Arbeit A .	Joule	10^7	$cm^2\ gr\ sek^{-2}$
Elektrische Leistung (Effekt) N	Watt (Voltampere)	10^7	$cm^2\ gr\ sek^{-3}$
Induktivität L......	Henry	10^9	cm

Einige wichtige Vergleichseinheiten:

1 Pferdestärke (PS)	= 75 mkg/s	= 736 Watt
1 Joule (J)	= 1 Wattsekunde (Ws)	= 0,102 mkg
		= 0,24 cal
1 Watt (W)	= 1 Voltampere (VA)	= 1 Joule/s
		= 1/736 PS
	= 0,102 mkg/s	= 0,24 cal/s
1 Wattstunde (Wh)	= 367 mkg	= 3600 Joule
1 Kilowatt (kW)	= 1000 Watt	= 1,36 PS
		= 0,24 kcal/s
1 Kilowattstunde (kWh)	= 1,36 PSh	= 864 kcal
1 Coulomb (C)	= 1 Amperesekunde (As)	
1 Amperestunde (Ah)	= 3600 Coulomb	
1 Farad (F)	$= 1\ \frac{\text{Coulomb}}{\text{Volt}}$	
1 Mikrofarad (μF)	= 10^{-6} Farad	
1 Millivolt (mV)	= 10^{-3} Volt	
1 Megohm (MΩ)	= 10^{6} Ohm.	

Definitionen:

1 Ohm	=	Widerstand einer Quecksilber-Säule von 1 mm^2 Querschnitt, 1,063 m Länge bei 0° Celsius.
1 Ampere	=	Stromstärke, die in 1 Sekunde 0,001 118 gr Silber aus einer wässrigen Silbernitratlösung ausscheidet.
1 Volt	=	Elektromotorische Kraft, die in einem Leiter von 1 Ohm Widerstand 1 Ampere erzeugt.
1 Coulomb	=	Elektrizitätsmenge, die in einem Strom von 1 Ampere in 1 Sekunde fließt (Amperesekunde).
1 Joule	=	Elektrische Arbeit, die geleistet wird in 1 Sekunde durch 1 Ampere in 1 Ohm (Wattsekunde).
1 Watt	=	Leistung von 1 Joule in 1 Sekunde (Voltampere).
1 Farad	=	Kapazität eines Kondensators, der bei 1 Coulomb Ladung 1 Volt hat.
1 Henry	=	Induktivität, in der die Stromänderung von 1 Ampere in 1 Sekunde 1 Volt erzeugt.

2. Magnetische Einheiten.

Größe	Dimension der absoluten Einheit		
Magnetische Menge m	$cm^{\frac{3}{2}}$	$gr^{\frac{1}{2}}$	sek^{-1}
Feldstärke $\mathfrak{H}$	cm^{-1}	$gr^{\frac{1}{2}}$	sek^{-1}
Kraftlinienzahl Φ	$cm^{\frac{3}{2}}$	$gr^{\frac{1}{2}}$	sek^{-1}
Magnetomotorische Kraft V	$cm^{\frac{1}{2}}$	$gr^{\frac{1}{2}}$	sek^{-1}
Magnetischer Widerstand R_m	cm^{-1}		
Magnetische Induktion $\mathfrak{B}$	$cm^{-\frac{1}{2}}$	$gr^{\frac{1}{2}}$	sek^{-1}
Intensität der Magnetisierung J	$cm^{-\frac{1}{2}}$	$gr^{\frac{1}{2}}$	sek^{-1}

§ 2. Magnetismus.

1. Allgemeines.

Coulombsches Gesetz: Eine punktförmige magnetische Menge m_1 übt auf eine andere Menge m_2 in der Entfernung l eine Kraft

$$P = \frac{m_1 m_2}{l^2}$$

aus.

Dividiert man die Kraft P, welche in einem magnetischen

Felde auf eine Magnetismusmenge m wirkt, durch diese, so erhält man die Feldstärke $\mathfrak{H}$ des betreffenden Feldes

$$\mathfrak{H} = \frac{P}{m}.$$

Als Maß für die Feldstärke dient die Kraftlinienzahl Φ, d. h. die Feldstärke ist die Anzahl der Kraftlinien für 1 cm Niveaufläche (Fläche $\perp$ Kraftlinienrichtung).

Bei einem Querschnitt F eines Feldes $\mathfrak{H}$ ist demnach

$$\Phi = F\,\mathfrak{H}.$$

Wird ein Eisenkörper in ein Feld $\mathfrak{H}$ gebracht, so heißt die Feldstärke innerhalb des Eisens

$$\mathfrak{B} = \mu\,\mathfrak{H} = \frac{\Phi}{F}$$

die magnetische Induktion. Diese ist also die Anzahl der Kraftlinien für 1 cm² Eisenquerschnitt.

Man nennt $\mu = \frac{\mathfrak{B}}{\mathfrak{H}}$ die „Permeabilität" (Durchlässigkeit oder magnetisches Leitvermögen).

Für Luft ist $\mu = 1$; ist $\mu > 1$, so heißt der Körper „paramagnetisch", ist $\mu < 1$, so heißt er „diamagnetisch".

Setzt man $\frac{\mu - 1}{4\pi} = \varkappa$ oder $\mu = 1 + 4\pi\varkappa$, so ist

$$\mathfrak{B} = \mathfrak{H} + 4\pi\varkappa\,\mathfrak{H} = \mathfrak{H} + 4\pi J.$$

$J = \varkappa\,\mathfrak{H}$ heißt „Intensität der Magnetisierung" und $\varkappa = \frac{J}{\mathfrak{H}}$ magnetische „Suszeptibilität" (Aufnahmefähigkeit).

Werte für $\varkappa$ bei 18° C:

Silber	$-1{,}7 \cdot 10^{-6}$,
Kupfer	$-1{,}0 \cdot 10^{-6}$,
Wasser	$-0{,}75 \cdot 10^{-6}$,
Vakuum	0,
Luft (1 Atm.)	$+0{,}027 \cdot 10^{-6}$,
Platin	$+25 \cdot 10^{-6}$.

2. Magnetisierungstafel.

$\mathfrak{B}$	Amperewindungen für 1 cm Kraftlinienweg			$\mathfrak{B}$	Amperewindungen für 1 cm Kraftlinienweg		
	Ankerblech	Stahlguß	Gußeisen		Ankerblech	Stahlguß	Gußeisen
1 000	—	—	2,5	13 500	11	12,3	—
2 000	—	—	5,0	14 000	13	15,4	—
3 000	—	1,0	8,0	14 500	16	19,6	—
4 000	1,0	1,4	12	15 000	21	24	—
5 000	1,3	1,9	17	15 500	30	31,5	—
6 000	1,7	2,4	25	16 000	40	41	—
7 000	2,1	3,1	37	16 500	52	54	—
8 000	2,5	3,8	56	17 000	70	72	—
9 000	3,1	4,7	80	17 500	90	92	—
10 000	3,9	5,7	120	18 000	110	117	—
10 500	4,4	6,2	150	18 500	145	146	—
11 000	5,1	6,8	170	19 000	180	181	—
11 500	5,9	7,4	200	19 500	225	—	—
12 000	6,8	8,2	240	20 000	280	—	—
12 500	7,9	9,0	—	20 500	350	—	—
13 000	9,0	10,4	—	21 000	450	—	—
				22 000	780	—	—

Die Tragkraft eines Magneten errechnet sich nach der Gleichung

$$P = \frac{\mathfrak{B}^2 F}{8\pi} \text{ Dyn} \approx \left(\frac{\mathfrak{B}}{5000}\right)^2 \cdot F \text{ kg}.$$

F = Querschnitt der Kraftlinien in cm²,

$\mathfrak{B} \div 10\,000$ für gehärteten Stahl.

3. Das magnetische Feld einer Ringspule (Fig. 98).

Eine Spule, deren Kraftlinien in einem Ring verlaufen, möge w Windungen haben. Die Länge des Ringes sei $l = 2 r_0 \pi$ cm und der Querschnitt F cm². Dann berechnet sich die Feldstärke

$$\mathfrak{H}_s = \frac{4\pi I w}{10 l},$$

oder da

$$\Phi = \mathfrak{H}_s \mu F,$$

so

$$\Phi = \frac{4\pi I w}{10\, l} \mu F.$$

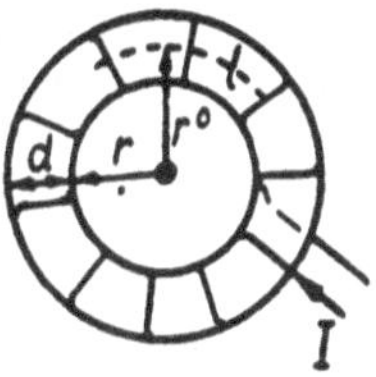

Fig. 98.

Der Ausdruck $4\pi I w$ heißt magnetomotorische Kraft, während man $\frac{l}{\mu F}$ den magnetischen Widerstand nennt.

§ 3. Selbstinduktion.

Jeder vom Strom durchflossene Leiter erzeugt ein magnetisches Feld, dessen Kraftlinienzahl durch Änderung des Stromes auch geändert wird. Es entsteht dadurch in dem Leiter eine elektromotorische Kraft der Selbstinduktion

$$E = -L \frac{dI}{dt}.$$

Der Selbstinduktionskoeffizient L berechnet sich aus der Formel

$$L = \frac{4\pi w^2 F}{l}.$$

Aus den folgenden Gleichungen wird L in cm erhalten; um L in Henry umzurechnen, muß der betreffende Wert mit 10^{-9} multipliziert werden.

1. Drahtring vom Durchmesser D cm und der Drahtstärke d cm.

$$L = \pi \frac{D}{2} \left(4 \ln \frac{8D}{d} - 8\right) \text{cm}.$$

2. Spule (1 Drahtlage) mit einem Kreiszylinderquerschnitt F cm², dessen Radius r cm, und dessen Länge bei w Windungen l cm ist.

$$L = \frac{4\pi w^2 F}{l} = \frac{4\pi^2 w^2 r^2}{l}.$$

3. Lange zylindrische Spule mit dem inneren Radius r und dem äußeren Radius R cm.

$$L = \frac{4}{3}\pi^2 \frac{w^4}{l^3} (R - r)(R^3 - r^3).$$

4. Ringförmige Spule mit dem Radius R_m und dem Querschnittsradius r cm.

$$L = 4\pi w^2 (R_m - \sqrt{R_m^2 - r^2}).$$

5. Flache Spule, deren mittlerer Durchmesser groß gegenüber dem Windungsraum ist.

$$L \approx 4\pi w^2 r \left(\ln \frac{8r}{d} - 2\right).$$

6. Zwei parallele, zu einer Schleife verbundene, geradlinige Leiter; Abstand der Drähte d, Länge der Schleife l (Hin- und Rückleitung)

$$L = l\left(0{,}5 + 2\ln\frac{d-r}{r}\right);$$

für hohe Frequenz ist

$$L_h = l\,4\ln\frac{d-r}{r}.$$

Werte für L in Millihenry für $l = 1$ km:

Drahtradius r mm	d 25 cm	d 50 cm	d 75 cm	d 100 cm	d 150 cm	d 200 cm
0,5	2,584	2,862	3,024	3,140	3.290	3 410
1,0	2,310	2,584	2,744	2,862	3,028	3,140
1,5	2,140	2,418	2,584	2,696	2,860	2,974
2,0	2,034	2,310	2,480	2,584	2,744	2,860
2,5	1,940	2,220	2,380	2,494	2,658	2,772
3,0	1,868	2,140	2,300	2,438	2,584	2,692
3,5	1,810	2,088	2,258	2,366	2,526	2,640
4,0	1,754	2,034	2,174	2,310	2,452	2,584
4,5	1,700	1,980	2,140	2,254	2,424	2,540
5,0	1,664	1,942	2,104	2,220	2,362	2,498

§ 4. Gegenseitige Induktion.

Die gegenseitige Induktion tritt bei dem Vorhandensein zweier Stromkreise auf. Es sei w_1 die Windungszahl der einen Spule, w_2 diejenige der andern. Durch die Spule w_1 gehe ein Strom I. Wenn I geändert wird, so entsteht durch die damit verbundene Änderung der Kraftlinienzahl in der Spule w_2 eine elektromotorische Kraft der gegenseitigen Induktion

$$E = M \frac{dI}{dt}.$$

Hierin ist der Koeffizient der gegenseitigen Induktion

$$M = \frac{4\pi w_1 w_2}{l} F \text{ cm} = \frac{4\pi w_1 w_2}{l} F\, 10^{-9} \text{ Henry}.$$

Für 2 ringförmige, konzentrische Spulen mit dem mittleren Radius R und r cm für die äußere bzw. innere Spule ist

$$M = 4\pi w_1 w_2 (R - \sqrt{R^2 - r^2}).$$

§ 5. Hysteresis.

Unter Hysteresis versteht man das Zurückbleiben des Mgnetismus gegenüber der magnetisierenden Kraft.

Die Hysteresisschleife stellt sich also dar durch eine Gleichung

$$\mathfrak{B} = f(\mathfrak{H}),$$

wobei $\mathfrak{H}$ die magnetische Feldstärke und $\mathfrak{B}$ die magnetische Induktion ist. Die von der Schleife eingeschlossene Fläche gibt die durch die Ummagnetisierung aufgenommene Energie wieder, welche sich in Wärme umsetzt. (Fig. 99).)

Der Wert von $\mathfrak{B}$ für $\mathfrak{H} = 0$ heißt Remanenz, derjenige von $\mathfrak{H}$ für $\mathfrak{B} = 0$ Koerzitivkraft.

Es sei

N der Leistungsverbrauch in Watt,

V das Volumen des Körpers in cm^3,

p die Periodenzahl/s, d. h. die Anzahl der vollständigen Ummagnetisierungen in der Sekunde,

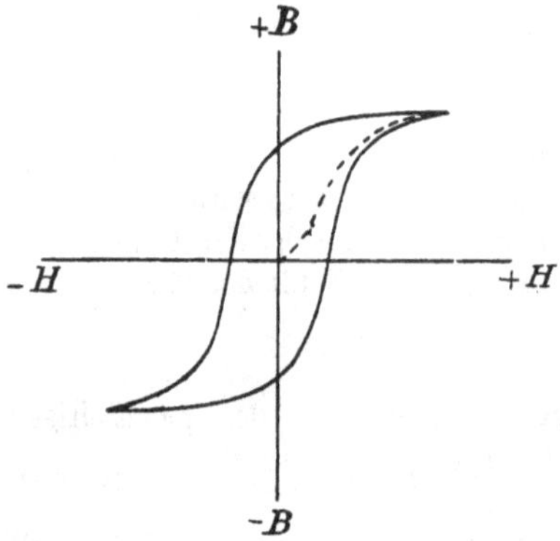

Fig. 99.

dann besteht nach Steinmetz die Gleichung

$$N = \eta \cdot \mathfrak{B}^{1,6} \cdot V \cdot p \cdot 10^{-7}\ \text{Watt}.$$

Werte für η:

Schmiedestahl	0,0015 ÷ 0,0045,
geglühter Stahl	0,004 ÷ 0,012,
gehärteter Stahl	0,010 ÷ 0,025,
Gußeisen	0,012 ÷ 0,016,
Nickel	0,013 ÷ 0,039.

Werte für $\eta\,\mathfrak{B}^{1,6}$:

$\mathfrak{B}$	$\eta = 0{,}002$	$\eta = 0{,}003$	$\eta = 0{,}004$	$\mathfrak{B}$	$\eta = 0.002$	$\eta = 0{,}003$	$\eta = 0{,}004$
1000	126,2	189,3	252,4	10 000	5 024	7 536	10 048
2000	382,5	573,8	765,1	11 000	5 850	8 775	11 700
3000	731,8	1097,8	1463,7	12 000	6 725	10 088	13 451
4000	1160	1740	2320	13 000	7 644	11 467	15 289
5000	1657	2486	3314	14 000	8 607	12 910	17 213
6000	2219	3328	4437	15 000	9 611	14 417	19 222
7000	2839	4259	5678	16 000	10 657	15 985	21 314
8000	3515	5273	7031	17 000	11 742	17 613	23 484
9000	4244	6367	8489	18 000	12 867	19 300	25 733

§ 6. Ohmsches Gesetz; Widerstand.

Bezeichnet man mit

U die Spannungsdifferenz zwischen 2 Punkten eines vom Gleichstrom durchflossenen Leiters in Volt,

I die Stromstärke in Ampere,

R den Widerstand des Leiters zwischen den beiden betreffenden Punkten in Ω (Ohm),

so sagt das Ohmsche Gesetz aus, daß

1. die Stromstärke I proportional der Spannung U und
2. die Stromstärke I umgekehrt proportional dem Widerstande R

ist.

$$I = \frac{U}{R}; \quad U = I \cdot R; \quad R = \frac{U}{I}.$$

Dieses Gesetz gilt in vorstehender Form nur für Gleichstrom und induktionsfreie Wechselstromkreise.

Der Widerstand R eines Leiters hängt ab:

1. von seiner Länge l in m,
2. von seinem Querschnitt F in mm²,
3. von seinem Einheitswiderstand ϱ.

ϱ ist derjenige Widerstand, welchen ein Leiter von 1 m Länge und 1 mm² Querschnitt bietet. Es ist

$$R = \varrho \frac{l}{F} = \frac{1}{\varkappa} \frac{l}{F}.$$

$\varkappa = \frac{1}{\varrho}$ heißt spez. Leitvermögen.

Der Widerstand eines Leiters nimmt im allgemeinen mit der Temperatur zu. Es ist angenähert

$$R_t = R_0 (1 + \alpha t),$$

wobei

R_t der Widerstand bei t^0 C,

R_0 der Widerstand bei 0^0 C,

α der Temperaturkoeffizient ist.

9*

Werte für ϱ, α und $\varkappa$ bei 15° C:

$$R_t = R_{15}\,[1 + \alpha\,(t - 15)]\,.$$

Material	Spez. Widerstand $\varrho\ \frac{\Omega\,\mathrm{mm}^2}{\mathrm{m}}$	Temperaturkoeffizient bez. auf 15°C $\frac{1}{1000}$ °C	Leitfähigkeit $\varkappa\ \frac{\mathrm{m}}{\Omega\,\mathrm{mm}^2}$	Spez. Gewicht $\frac{\mathrm{kg}}{\mathrm{dm}^3}$
Aluminium, gewalzt	0,02874	3,7	34,8	2,70
Blei, gepreßt	0,20	3,7	5,0	11,37
Eisen, rein	0,104	4,8	9,6	—
Eisendraht und -blech	0,12 ÷ 0,14	4,8 ÷ 4,5	8,3 ÷ 7,1	7,86
Eisentelegraphendraht	0,135	—	7,4	7,65
Gold	0,022	3,5	45	19,32
Graphit und Retortenkohle	13 ÷ 100	0,8 ÷ 0,2	0,08 ÷ 0,01	2,3 ÷ 1,9
Kadmium	0,068	3,8	14,7	8,6
Kupfer, rein	0,0162	4,0	62	—
Kupfer (deutsch), weich	0,0172	4,0	58,1	8,913
Kupfer (deutsch), hart	0,0175	4,0	7,50	8,913
Nickel	0,11 ÷ 0,13	4 ÷ 3	9,0 ÷ 7,5	8,9
Osmium	0,095	—	—	—
Palladium	0,11	3	9	11,4

Platin	0,094	2,35	10,7	21,5
Quecksilber	0,9532	0,873	1,049	13,55
Silber, weich	0,0158	3,6	63,5	10,55
Silber, hart	0,0175	3,6	57	10,55
Tantal	0,165	3,0	6,06	16,8
Wismut, gepreßt	1,1 ÷ 1,4	3,5	0,9 ÷ 0,7	9,8
Zink, gepreßt	0,059	3,9	17	7,2
Zinn	0,11 ÷ 0,14	4,5	9 ÷ 7	7,3
Aluminiumbronze (Cu, 5% Al)	0,13	0,5 ÷ 1,0	7,5 ÷ 3,5	8,4
Aluminiumbronze (Cu, 10% Al)	0,29	0,5 ÷ 1,0	3,5	7,65
Messingdraht (30% Zn)	0,085 ÷ 0,065	1,2 ÷ 2,0	12 ÷ 15	8,3
Platinrhodium (10% Rh)	0,20	1,0 ÷ 1,7	5	21,6
Platinsilber (20% Pt)	0,20	0,2 ÷ 0,3	5	21,6
Manganin (84 Cu + 12 Mn + 4Ni)	0,41 ÷ 0,46	— 0,003 ÷ + 0,01	2,3 ÷ 2,35	8,4 ÷ 8,43
Konstantan (Cu, Ni)	0,47 ÷ 0,488	— 0,03 ÷ — 0,005	2,1 ÷ 2,05	8,8
Nickelin (Cu, Ni)	0,33 ÷ 0,43	0,053 ÷ 0,019	3,0 ÷ 2,4	8,87 ÷ 8,88
Rheotan (Cu, Ni, Zn)	0,47	0,23	2,1	8,55
Neusilber (Cu, Ni, Zn)	0,36 ÷ 0,38	0,073 ÷ 0,072	2,7	8,77
Kruppin (Fe, Ni)	0,85 ÷ 0,86	0,7	1,19	8,1

Einheitswiderstand fester Isolatoren:

Material	Einheitswiderstand Megohm/cm	Gleichstrom-Spannung für 1 mm Dicke	Luft-Temperat. °C	Luft-feuchtigkeit %
Zelluloid, weiß	71 000 ÷ 79 000	3960 ÷ 2040	16	70
Fensterglas ...	$6{,}6 . 10^6 \div 8{,}2 . 10^6$	690 ÷ 405	17 ÷ 19	70 ÷ 48
Glimmer......	$2.3 . 10^6$	4000	19	48
Guttapercha ..	$450 . 10^6$	—	—	—
Hartgummi ..	$3600 . 10^6$	910	17	70
Holzkohle	$0{,}26 . 10^6$	215	19	48
Linoleum	$1{,}0 . 10^6 \div 1{,}3 . 10^6$	572 ÷ 286	16	70
Marmor	435 ÷ 510	66,5 ÷ 33,7	16	70
Mikanit	$6500 . 10^6$	1250	19	48
Okonit	$620 . 10^6 \div 640 . 10^6$	1880 ÷ 1425	16	70
Paraffin	$240 . 10^6 \div 3900 . 10^6$	2860 ÷ 435	17	80 ÷ 70
Preßspan	11 000	940	19	48
Schiefer	0,78	40	16	70
Stabilit.......	$24 . 10^6$	361	19	48
Sterlingfirnis .	$26{,}6 . 10^6$	10 700	16	70
Ton, gebrannt.	13 000	92	19	48
Vulkanfiber ...	53	371	19	48

Einheitswiderstand flüssiger Isolatoren:

Material	Einheitswiderstand Megohm/cm	Temperat. °C	Material	Einheitswiderst. Megohm/cm	Temperat. °C
Holzteer........	1 700 000 000	18	Benzin	14 000 000	18
Rohes Ozokerit ..	450 000 000	18	Schwer. Paraffinöl ..	8 000 000	18
Stearinsäure	350 000 000	18	Olivenöl	1 000 000	18
Paraffinwachs ...	110 000 000	18	Benzol	1 300	18

Spez. Leitvermögen von Lösungen bei 18° C:

Lösung	KCl	NH_4Cl	$NaCl$	Na_2CO_3	$MgSO_4$	$ZnSO_4$	H_2SO_4	$CuSO_4$	HNO_3	HCl	KOH
5	0,069	0,092	0,067	0,045	0,026	0,019	0,209	0,019	0,258	0,395	0,172
10	136	178	121	70	41	32	392	32	461	630	315
15	202	259	164	84	48	42	543	42	613	745	425
20	268	337	196		48	47	653		711	762	499
25		403	214		42	48	717		770	723	540
30						44	740		785	662	542
35							724		769	591	509
40							680		733	515	450
50							541		631		
60							373		513		
70							216		396		
80							111		267		
Größtwert					49	48	740		785	767	544
bei %					17,4	23,5	30,0		29,7	18,3	20,8

Formeln für die Übergangswiderstände von Erdleitungen im unbegrenzten Medium:

1. Kugel mit dem Durchmesser d.

$$R_{ü} = \frac{\varrho}{2\, d\, \pi}.$$

2. Kreisförmige Platte mit dem Durchmesser d.

$$R_{ü} = \frac{\varrho}{4\, d}.$$

3. Zylindrische Walze mit dem Durchmesser d und der Länge $n \cdot$ d.

$$R_{ü} = \frac{\varrho}{d\pi} \frac{\ln 2\, n}{2\, n}.$$

§ 7. Kirchhoffsche Gesetze.

Die Kirchhoffschen Gesetze handeln über Stromverzweigungen.

1. Gesetz:

Für jeden Verzweigungspunkt ist die Summe der zufließenden gleich der Summe der abfließenden Ströme, oder die algebraische Summe aller Ströme ist gleich 0.

$$\Sigma(I) = 0.$$

2. Gesetz:

Bei verzweigten Stromkreisen, in denen mehrere elektromotorische Kräfte wirken, ist für jeden einzelnen Schließungskreis die algebraische Summe der elektromotorischen Kräfte gleich der algebraischen Summe der Produkte aus den Stromstärken und den zugehörigen Widerständen.

$$\Sigma(U) = \Sigma(I\, R).$$

Auf diesen Sätzen beruht die Theorie der Stromverzweigung.

1. Parallelschaltung:

$$I = I_1 + I_2 + I_3 + \ldots = \Sigma(I),$$

$$I_1 : I_2 : I_3 \ldots = \frac{1}{R_1} : \frac{1}{R_2} : \frac{1}{R_3} \ldots$$

Kombinationswiderstand: Der resultierende Widerstand

R_c berechnet sich aus der Formel

$$\frac{1}{R_c} = \sum\left(\frac{1}{R}\right) = \frac{1}{R_1} + \frac{1}{R_2} + \frac{1}{R_3} \cdots$$

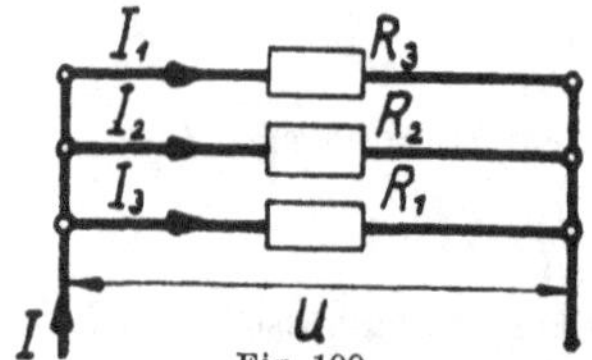

Fig. 100.

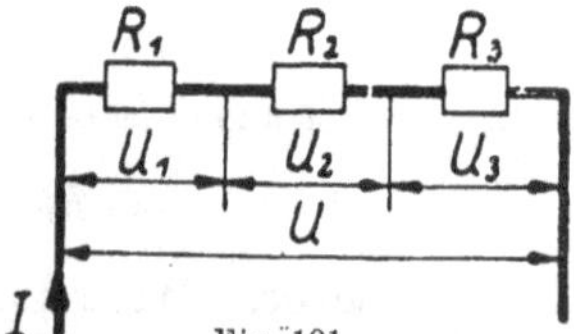

Fig. 101.

2. Hintereinander-(Folge-)Schaltung:

$$U = U_1 + U_2 + U_3 \ldots = \Sigma(U)$$

$$U_1 : U_2 : U_3 \ldots = R_1 : R_2 : R_3 \ldots$$

Kombinationswiderstand:

$$R_c = \Sigma(R) = R_1 + R_2 + R_3 \ldots$$

§ 8. Joulesches Gesetz.

Wird durch einen Leiter R ein Strom I während t Sekunden geschickt, so entsteht in ihm eine Wärmemenge

$$Q = 0{,}24\, I\, U\, t = 0{,}24\, I^2\, R\, t \text{ cal},$$

indem die vom Strome geleistete Arbeit $= U\, I\, t = I^2\, R\, t$ Wattsekunden in Form von Wärme zum Ausdruck kommt. Demnach ist die elektrische Leistung (Effekt)

$$N = U \cdot I = I^2 \cdot R.$$

§ 9. Faradaysches Gesetz.

Ein Strom I scheidet in der Zeit t beim Durchgang durch ein elektrolytisches Bad eine Menge

$$m = k\, a\, I\, t \text{ gr}$$

aus. Hierin bedeutet a das chemische Äquivalent, welches sich aus Atomgewicht A und Wertigkeit n (Wasserstoff $H = 1$) zusammensetzt:

$$a = \frac{A}{n};$$

für t in s ist $k = 1{,}0363 \cdot 10^{-5}$,
t in min ist $k = 0{,}6218 \cdot 10^{-3}$,
t in h ist $k = 0{,}3731 \cdot 10^{-1}$;
da 1 Amperesekunde $= Q = 1$ Coulomb ist, so ergibt sich

$$m = 1{,}0363 \cdot 10^{-5} \cdot \frac{A}{n} Q \text{ gr/s}.$$

Stoff	A abgerundet	n	1 Ampere scheidet aus in 1 s mgr	in 1 h gr
Aluminium	27	3	0,093	0,335
Antimon	120	3	0,414	1,492
Blei	206,5	2	1,073	3,865
Brom	80	1	0,828	2,981
Chlor	35,4	1	0,367	1,322
Chrom	52,5	2	0,273	0,983
Chrom	52,5	3	0,182	0,655
Eisen	56	2	0,290	1,045
Eisen	56	3	0,193	0,696
Gold	196	3	0,681	2,452
Kalium	39	1	0,405	1,459
Kalzium	40	2	0,207	0,746
Kupfer	63,2	1	0,659	2,317
Kupfer	63,2	2	0,329	1,185
Magnesium	24	2	0,126	0,454
Mangan	55	2	0,284	1,022
Mangan	55	3	0,190	0,684
Natrium	23	1	0,239	0,860
Nickel	58,6	2	0,304	1,094
Nickel	58,6	3	0,202	0,729
Platin	194	4	0,506	1,820
Quecksilber	200	1	2,079	7,484
Quecksilber	200	2	1,039	3,742
Sauerstoff	16	2	0,083	0,299
Schwefel	32	2	0,166	0,598
Silber	108	1	1,118	4,025
Wasserstoff	1	1	0,010	0,037
Wismut	207	3	0,721	2,597
Zink	65	2	0,338	1,219
Zinn	117,4	2	0,615	2,214
Zinn	117,4	4	0,307	1,107

§ 10. Atomgewichte und chemische Konstanten der wichtigsten Elemente.

(Nach den chemischen Zeichen geordnet.)

Zeichen	Name	Atomgewicht	Valenz	Äquivalentgewicht	Zeichen	Name	Atomgewicht	Valenz	Äquivalentgewicht
Ag	Silber	107,9	1	107,9	K	Kalium ...	39,1	1	39,1
Al	Aluminium	27,0	3	9,03	Mg	Magnesium	24,32	2	12,16
As	Arsen......	74,9	3	25,0	Mn	Mangan ...	54,9	2	27,5
Au	Gold	197,2	3	65,73	Mo	Molybdän .	95,9	5	19,2
B	Bor	10,8	3	3,67	N	Stickstoff ..	14,01	3	4,67
Bi	Wismut ...	209,0	3	69,33	Na	Natrium ...	23,0	1	23,0
Br	Brom	79,91	1	79,91	Ni	Nickel	58,7	2	29,35
C	Kohlenstoff	12,0	4	3,0	O	Sauerstoff .	16,0	2	8,0
Ca	Kalzium ...	40,1	2	20,05	P	Phosphor ..	31,0	3	10,33
Cd	Kadmium ..	112,4	2	56,2	Pb	Blei	207,2	2	103,51
Cl	Chlor	35,45	1	35,45	Pt	Platin	195,2	4	48,7
Co	Kobalt	59,0	2	29,5	R	Radium....	226	2	113,0
Cr	Chrom	52,01	3	17,37	S	Schwefel ..	32,06	2	16,03
Cu	Kupfer	63,6	1 u. 2	63,6 u. 31,8	Sb	Antimon ..	121,7	3	40,6
Fl	Fluor	19,0	1	19,0	Si	Silizium ...	28,06	4	7
Fe	Eisen	55,84	2 u. 3	27,95 u. 18,63	Sn	Zinn......	118,7	2 u. 4	59,5 u. 29,75
H	Wasserstoff.	1,008	1	1	Ta	Tantal	181	5	36,2
He	Helium	4,0	—	—	Ti	Titan	47,9	4	12,0
Hg	Quecksilber	200,6	1 u. 2	200 u. 100	V	Vanadium..	50,9	5	10,2
Ir	Iridium ...	193,1	4	47,89	W	Wolfram ..	184	5	36,8
J	Jod	126,92	1	126,92	Zn	Zink.......	65,4	2	32,7

§ 11. Kapazität (Kondensator).

Unter der Kapazität C eines Kondensators versteht man den Quotienten aus der auf ihm befindlichen Elektrizitätsmenge Q und der ladenden elektromotorischen Kraft U

$$C = \frac{Q}{U} \text{ Farad.}$$

Die Ladung Q_t eines Kondensators C ist nach t s bei einer ladenden elektromotorischen Kraft U durch einen Widerstand R

$$Q_t = C\,U\left(1 - e^{-\frac{t}{CR}}\right).$$

Der Ladungsrückstand Q_r beträgt bei Schließung des Kondensators durch den Widerstand R nach t s

$$Q_r = C\,U\,e^{-\frac{t}{CR}}.$$

In beiden Formeln bedeutet e die Basis der nat. Logarithmen $= 2{,}71828$.

Die in dem Kondensator aufgespeicherte Arbeit, ausgedrückt durch die Kapazität und Spannung, beträgt

$$A = \tfrac{1}{2}\,C\,U^2.$$

Parallelschaltung von Kondensatoren: Resultierende Kapazität

$$C_r = C_1 + C_2 + C_3 + \ldots = \Sigma(C).$$

Folgeschaltung von Kondensatoren: Resultierende Kapazität

$$\frac{1}{C_r} = \frac{1}{C_1} + \frac{1}{C_2} + \frac{1}{C_3} \ldots = \sum\left(\frac{1}{C}\right).$$

Im folgenden sind die Kapazitäten mehrerer Kondensatorformen verzeichnet:

1. Kugel vom Radius r cm

$$C = \varepsilon\,r \text{ cm.}$$

2. Zylinder vom Radius r cm und der Länge l cm

$$C = \varepsilon \frac{l}{2 \ln \frac{l}{r}} \text{ cm}.$$

3. 2 parallele Zylinder (Leitungen) im Abstande a cm

$$C = \varepsilon \frac{l}{4 \ln \left(\frac{a}{r}\right)} \text{ cm}.$$

4. 2 konzentrische Zylinder mit den Radien r_1 und r_2 und der Länge l cm

$$C = \varepsilon \frac{l}{2 \ln \left(\frac{r_1}{r_2}\right)} \text{ cm}.$$

5. 2 parallele Flächen von F cm² im Abstande a cm

$$C = \varepsilon \frac{F}{4 \pi a} \text{ cm}.$$

Um die Kapazität in Mikrofarad zu erhalten, sind die Werte noch durch $9 \cdot 10^5$ zu dividieren.

6. 2 parallele Luftleitungen (Gleichstrom oder Einphasenwechselstrom)

$$C = \frac{0{,}01207}{\log \left(\frac{d}{r}\right)} \mu F \text{ für 1 km}$$

d = Achsenabstand in cm,
r = Leiterradius in cm.

7. Drehstromluftleitung (die drei Leiter bilden ein gleichseitiges Dreieck, Nulleiter nicht vorhanden oder in Erde verlegt)

$$C = \frac{0{,}02414}{\log \frac{d}{r}} \mu F \text{ für 1 km}$$

d = Achsenabstand in cm,
r = Leiterradius in cm.

8. Einadriges Kabel (Seele gegen Mantel)

$$C = \varepsilon \frac{1}{9} \frac{1}{2 \ln \frac{r_i}{r}} \mu F \text{ für } 1 \text{ km},$$

r = Leiterradius in cm,
r_i = innerer Mantelradius in cm.

9. Zweileiterkabel (Mantel geerdet)

$$C = \varepsilon \frac{1}{9} \frac{1}{4 \ln \left[\frac{2a}{r} \cdot \frac{(r_i^2 - a^2)}{r_i^2 + a^2} \right]} \mu F \text{ für } 1 \text{ km}.$$

10. Drehstromkabel (Mantel geerdet)

$$C = \varepsilon \frac{1}{9} \frac{1}{\ln \left[\frac{3a^2}{r^2} \cdot \frac{(r_i^2 - a^2)^3}{r_i^6 - a^6} \right]} \mu F \text{ für } 1 \text{ km}.$$

a = Abstand der Leiterachsen von Kabelachse in cm.

Werte für ε bezogen auf das Vakuum:

Material	ε
Ebonit	2,0 ÷ 3,0
Flintglas	6,61 ÷ 9,90
Glimmer	4 ÷ 8
Guttapercha	2,8 ÷ 4,2
Kautschuk, rein	2,12
Kautschuk, vulkanisiert	2,69
Kolophonium	2,55
Luft 1 mm Hg-Druck	0,94
Luft 5 mm Hg-Druck	0,9985
Ozokerit, Schmieröl	2,16
Papier	1,8 ÷ 2,6
Paraffin fest	1,9 ÷ 2,2
Petroleum	2,0 ÷ 2,3
Porzellan (Gleichstrom)	5,3
Porzellan (Wechselstrom)	4,4
Rapsöl	2,3
Rüböl	3

Material	ε
Mineralöl } Transformatorenöl	2,22
Harzöl } Transformatorenöl	2,45
Schellack	2,6 ÷ 3,7
Schwefel	2,42
Kabelisolation (imprägniertes Papier oder Jute)	4,31
Terpentinöl	2,2
Wasser	~80

§ 12. Durchschlagwiderstand.

a) Effektivwerte bei sinusförmiger Wechselspannung und beim Durchschlag zwischen Platten:

Material	Volt/mm
Reiner Hartgummi	10 000 ÷ 38 000
Glimmer	17 500 ÷ 28 500
Weichgummi	18 500
Stabilit	9000 ÷ 17 500
Paraffin	11 500
Wachs	11 500
Kolophonium	11 000
Hartporzellan	9000 ÷ 10 500
Gewöhnliches Porzellan	7500 ÷ 9500
Gewöhnliches Glas	8000 ÷ 9000
Marmor	6500

b) Durchschlagentfernung in mm bei sinusförmigem Wechselstrom:

Elektroden	Kugeln 20mm Ø	Spitze und Platte	Hörner	Platten			Spitze und Platte			
Stoff / Volt	Luft			Glimmer	Porzellan	Paraffin	Par.-Öl	Harz-Öl	Riz.-Öl	Rüb-Öl
10 000	5	10	3	0,085	0,7	—	4	3	4	4
20 000	10	24	8	0,215	1,5	—	9	8	10	9
40 000	32	58	25	0,55	3,5	1,5÷3,0	20	22	26	22
60 000	80	104	64	0,98	5,9	3,0÷6,5	36	38	52	39
100 000	229	230	200	—	11,2	10,5÷16,0	73	73	106	78
140 000	390	390	380	—	—	—	111	113	174	134

§ 13. Batterien.

1. Galvanische Elemente:

Name	Lösungs-elektrode	Lösungsflüssigkeit	Ableitungs-elektrode	Depolarisierende Körper	Elektromot. Kraft. Volt
Daniell*	amalg. Zink	Schwefelsäure 1 : 12	Kupfer	Kupfervitriol, gesättigt	0,95 ÷ 1,05 (Daniell*, 3 Zeilen)
Daniell*	amalg. Zink	Schwefelsäure 1 : 4	Kupfer	Kupfervitriol, gesättigt	
Daniell*	amalg. Zink	Zinkvitriol	Kupfer	Kupfervitriol	
Siemens	amalg. Zink	Papiermasse mit Schwefelsäure	Kupfer	Kupfervitriol	0,9 ÷ 1,1
Krüger	Zink	Zinkvitriol	verkupf. Bleiplatte	Kupfervitriol	1,008
Meidinger	amalg. Zink	Bittersalzlösung, gesättigt	Blei	Kupfervitriol, gesättigt	0,95 ÷ 1,35
Grove*	amalg. Zink	Schwefelsäure 1 : 12	Platin	Salpetersäure, spez. Gew. 1,33	1,8
Bunsen*	Zink	Schwefelsäure 1 : 12	Kohle	rauchende Salpetersäure	1,9
Bunsen	Zink	Schwefelsäure 1 : 17	Kohle	12 G.-T. Kaliumbichromat 25 „ Schwefelsäure 100 „ Wasser	2 ÷ 2,2
Bunsen	amalg. Zink	16 G.-T. Kaliumbichromat 37 „ reine Schwefelsäure 100 „ Wasser	Kohle	16 G.-T. Kaliumbichromat 37 „ reine Schwefelsäure 100 „ Wasser	2,3
Leclanché	amalg. Zink	Salmiaklösung	Kohle mit Braunstein	Salmiaklösung	1,47
Lalande u. Chaperon	Zink	Kalilauge oder Pottaschelösung 30 ÷ 40%	Eisen	—	1,0

* Mit Tonzelle.

2. Normalelement von Weston.

Von + 5 ÷ 25° C ist $U = 1{,}0190$ Volt.

3. Akkumulatoren.

Zur Füllung dient Schwefelsäure vom spez. Gewicht 1,18 ÷ 1,25.

Die Ladungsstromstärke beträgt ca. 0,7 ÷ 1,3 A pro 1 dcm² Plattenoberfläche.

Die Entladungsstromstärke beträgt ca. 0,75 ÷ 1,5 A pro 1 dcm² Plattenoberfläche.

§ 14. Leitungen.

Installationsleitungen:

Querschnitt mm²	Widerstand der Einfachleitung Ohm / 1000 m	Gewicht kg / 1000 m	Für geschlossene Räume	
			höchste zul. Stromstärke	Normalstrom der Abschmelzsicherung
0,75	23,333	6,68	9	6
1	17,500	8,91	11	6
1,5	11,667	13,37	14	10
2,5	7,000	22,28	20	15
4	4,3750	35,65	25	20
6	2,9167	53,48	31	25
10	1,7500	89,13	43	35
16	1,09375	142,6	75	60
25	0,7000	222,8	100	80
35	0,5000	311,9	125	100
50	0,3500	445,6	160	125
70	0,2500	623,9	200	160
95	0,18421	846,7	240	190
120	0,14584	1069,5	280	225
150	0,11667	1336,9	325	260
185	0,09460	1649	380	300
240	0,07272	2139	450	360
310	0,05645	2763	540	430
400	0,04375	3565	640	500
500	0,03500	4456	760	600
625	0,02800	5570	880	700
800	0,02187	7130	1050	850
1000	0,01750	8913	1250	1000

Die Berechnung der Leitungen geschieht:
1. auf Erwärmung,
2. auf größten Spannungsverlust,
3. auf Wirtschaftlichkeit.

Kabel:

Belastungstabelle.

Querchnitt qmm	Einleiterkabel bis 700 Volt	Zweileiterkabel bis 3000 Volt	Zweileiterkabel bis 10000 Volt	Verseilte Dreileiterkabel bis 3000 Volt	Verseilte Dreileiterkabel bis 10 000 Volt	Verseilte Vierleiterkabel bis 3000 Volt	Verseilte Vierleiterkabel bis 10 000 Volt	Konzentrische Zweileiterkabel bis 3000 Volt	Konzentrische Dreileiterkabel bis 3000 Volt
1	24	—	—	—	—	—	—	—	—
1,5	31	—	—	—	—	—	—	—	—
2,5	41	—	—	—	—	—	—	—	—
4	55	42	—	37	—	34	—	—	—
6	70	53	—	47	—	43	—	—	—
10	95	70	65	65	60	57	55	70	55
16	130	95	90	85	80	75	70	90	75
25	170	125	115	110	105	100	95	120	100
35	210	150	140	135	125	120	115	145	120
50	260	190	175	165	155	150	140	180	150
70	320	230	215	200	190	185	170	220	185
95	385	275	255	240	225	220	205	270	220
120	450	315	290	280	260	250	240	310	255
150	510	360	335	315	300	290	275	360	290
185	575	405	380	360	340	330	310	405	330
240	670	470	—	420	—	385	—	470	385
310	785	545	—	490	—	445	—	550	455
400	910	635	—	570	-	—	—	645	530
500	1035	—	—	—	—	—	—	—	—
625	1190	—	—	—	—	—	—	—	—
800	1380	—	—	—	—	—	—	—	—
1000	1585	—	—	—	—	—	—	—	—

Diese Werte gelten für eine zulässige Erwärmung der Kabel um 25° C.

I. Die Rücksicht auf die zulässige Erwärmung ergibt für

jeden Drahtquerschnitt eine bestimmte Belastungsstromstärke. Bei den Werten der Tabelle auf S. 144 bewirken die größten Stromstärken eine Temperaturerhöhung um 20° C. Für die zugehörigen Sicherungen gelten die Zahlen der letzten Reihe.

II. Die Berechnung der Leitungen auf Spannungsverlust geschieht nach folgenden Formeln.

Es bedeuten für Leitungen mit Stromentnahme nur am Endpunkte:

U_1 die Spannung am Anfang der Leitung } in Volt,
U_2 die Spannung am Ende der Leitung }
N_1 die Leistung in Watt, gemessen bei U_1,
N_2 die Leistung in Watt, gemessen bei U_2,
R der Widerstand in Ohm der einfachen Leitung von U_1 bis U_2,
I die Stromstärke in A,
l die Länge der einfachen Leitung in m,
F den Querschnitt der einfachen Leitung in mm²,
φ_1, φ_2 } die Phasenverschiebungswinkel bei U_1 bzw. U_2,
ε den Leistungsverlust in sämtlichen Leitungen in % der Leistung N_2.

Der spez. Widerstand des Kupfers sei $\frac{1}{57}$.

1. Gleichstrom und einphasiger Wechselstrom mit induktionsfreier Belastung.

Der Spannungsverlust beträgt $U_1 - U_2 = 2\,I\,R$.
Der Leistungsverlust beträgt $N = N_1 - N_2 = 2\,I^2\,R$.
Der Leitungsquerschnitt beträgt $F = \frac{N_2\,2\,l\,100}{57\,\varepsilon \cdot U}$ für Kupfer.

2. Einphasiger Wechselstrom mit Induktion.

Der Leitungsquerschnitt beträgt $F = \frac{2\,N_2 \cdot l\,100}{57\,\varepsilon\,U_2^2 \cos^2 \varphi_2}$ für Kupfer.

Die Leistung berechnet sich aus $N_1 = U_1 \, I \cos \varphi_1$,
$N_2 = U_2 \, I \cos \varphi_2$.

Der Leistungsverlust ist $N = 2 \, I^2 \, r$.

3. Drehstrom.

Der Leitungsquerschnitt beträgt $F = \frac{N_2 \, l \, 100}{57 \, \varepsilon \, U_2^2 \cos^2 \varphi_2}$ für Kupfer.

Die Leistung berechnet sich aus $N_1 = U_1 \, I \cos \varphi_1 \sqrt{3}$,
$N_2 = U_2 \, I \cos \varphi_2 \sqrt{3}$.

Der Leistungsverlust ist $N = 3 \, I^2 \, r$.

Vergleichende Zusammenstellung von Kupfer- und Aluminiumdrähten und -Seilen für gleichen Widerstand:

Querschnitt qmm		Anzahl der Drähte		Durchmesser der Drähte mm		Gesamtdurchmesser mm		Gewicht kg/1000 m	
Kupf.	Alum.	Kupfer	Alum.	Kupfer	Alum.	Kupfer	Alum.	Kupfer	Alum
0,5	0,82	1	1	0,798	1,04	0,8	1,04	4,5	2,13
1,0	1,65	1	1	1,128	1,45	1,13	1,45	8,9	4,3
1,5	2,47	1	1	1,382	1,77	1,4	1,77	13,4	6,4
2,0	3,29	1	1	1,546	2,05	1,6	2,05	17,8	8,6
2,5	4,12	1	1	1,783	2,29	1,8	2,29	22,2	10,7
3,0	4,94	1	1	1,955	2,51	1,95	2,51	26,4	12,8
4,0	6,60	1	1	2,258	2,90	2,25	2,90	36,0	17,2
5,0	8,24	1	1	2,522	3,24	2,52	3,24	45.0	21,4
6,0	9,88	1	1	2,762	3,55	2,8	3,55	53,0	25,7
7,0	11,53	1	1	2,986	3,83	3,0	3,83	62,0	30,0
10,0	16,47	1	1	3,565	4,58	3,56	4,58	89,0	43,0
12,5	20,57	1	1	3,990	5,12	4,0	5,12	111,0	54,0
16,0	26,35	1	7	4,520	2,18	4,5	6,50	142,0	69,0
20,0	32,94	1	7	5,048	2,45	5.05	7,40	178,0	86,0
25,0	41,18	1	7	5,640	2,74	5,64	8,20	223,5	107,0
35.0	57,64	7	19	2,522	1,97	7,6	9,85	311,0	150,0
50,0	82,35	19	19	1,831	2,35	9,1	11,75	445,0	214,0
70,0	115,29	19	19	2,163	2,78	10,8	13,40	623,0	300,0
95,0	156,46	19	19	2,522	3,24	12,6	16,18	846,0	407,0
115,0	189,41	19	19	2,780	3,56	13.9	17,80	1023,0	492,0
120,0	197,64	19	19	2,840	3,64	14.2	18,20	1068,0	514,0
125,0	205,80	19	19	2.905	3,71	14.5	18,55	1113,0	535,0
130,0	214,10	19	19	2,960	3,79	14,8	18,95	1157,0	557,0
140,0	230,58	19	19	3,070	3,93	15,5	19,65	1246,0	600,0
150,0	247,05	19	19	3,180	4,07	16.0	20,35	1335.0	642 5

§ 15. Wechselstromkreise.

Für die Formeln der Wechselstromkreise gelten folgende Bezeichnungen. Es sei

R Ohmscher (induktionsfreier) Widerstand.
L Induktivität,
C Kapazität,
e Momentanwerte der Spannung,
U Effektivwerte der Spannung,
$e_0 = U\sqrt{2}$ Größtwerte der Spannung,
i Momentanwerte der Stromstärke,
I Effektivwerte der Stromstärke,
$i_0 = I\sqrt{2}$ Größtwerte der Stromstärke,
$f =$ Anzahl der Schwingungen in 1 s $(2\pi f = \omega)$
φ Phasenverschiebungswinkel,
t Zeit in s,

dann ist $e = e_0 \sin(\omega t)$

und $i = i_0 \sin(\omega t)$.

1. Ohmscher Widerstand (induktionsfrei). Fig. 102.

$$e = i R = e_0 R \sin(\omega t) = i_0 \sin(\omega t),$$
$$U = I R,$$
$$e_0 = i_0 R.$$

Phasenverschiebung 0.
Leistung $= U \cdot I$.

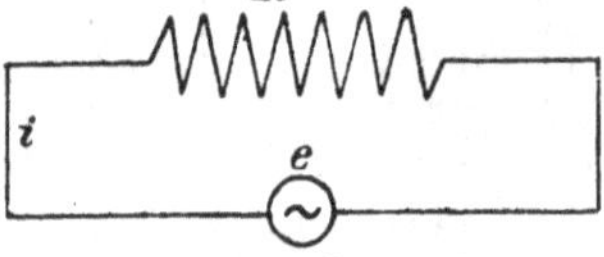

Fig. 102.

2. Ohmscher Widerstand und Selbstinduktion. Fig. 103.

$$e = e_R + e_L = i R + L \frac{di}{dt} = i_0 R \sin(\omega t) + L \frac{d(i_0 \sin \omega t)}{dt},$$

$$e = i_0 R \sin(\omega t) + i_0 L \omega \cos(\omega t),$$
$$e = i_0 \sqrt{R^2 + \omega^2 L^2} \sin(\omega t + \varphi)$$

$$\operatorname{tg}\varphi = \frac{2\pi \cdot f \cdot L}{R} = \frac{\omega L}{R},$$

$$\sin\varphi = \frac{\omega L}{\sqrt{R^2 + \omega^2 L^2}},$$

$$\cos\varphi = \frac{R}{\sqrt{R^2 + \omega^2 L^2}},$$

$$U = I\sqrt{R^2 + \omega^2 L^2},$$

$$e_0 = i^0\sqrt{R^2 + \omega^2 L^2}.$$

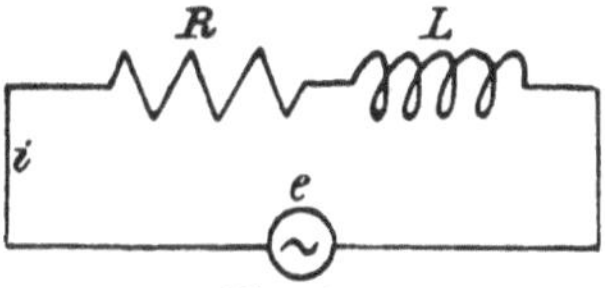

Fig. 103.

Der Strom folgt der Spannung zeitlich um den $\sphericalangle \varphi$ nach.

Man nennt $\sqrt{R^2 + \omega^2 L^2}$ scheinbaren Widerstand oder Impedanz und ωL induktiven Widerstand oder Reaktanz.

Die Leistung ist $U \cdot I \cos\varphi$.

3. Ohmscher Widerstand und Kapazität. Fig. 104.

$$e = e_R + e_C = i_0 R \sin(\omega t) + e_C.$$

Es ist (vgl. S. 139)

$$Q = C e_C \qquad \text{oder} \qquad d\,Q = C\,de_C = i\,dt,$$

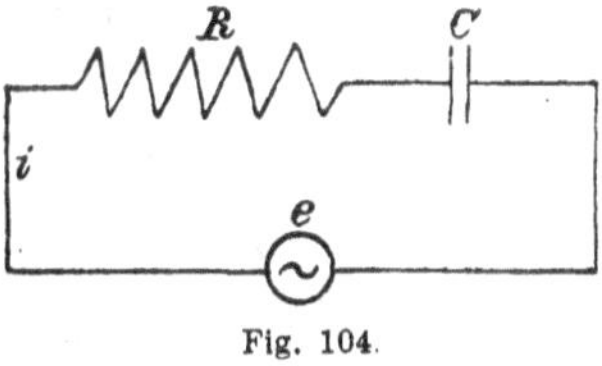

Fig. 104.

mithin ist

$$e_C = \frac{1}{C}\int i_0 \sin(\omega t)\,dt = \frac{i_0}{C\,\omega}\sin(\omega t - 90),$$

also ist

$$e = i_0 R \sin(\omega t) - \frac{i_0}{C\,\omega}\cos(\omega t)$$

oder

$$e = i_o \sqrt{R^2 + \left(\frac{1}{C\,\omega}\right)^2} \sin(\omega\, t + \varphi),$$

$$tg\,\varphi = -\, i_o\, C\, \omega,$$

$$\cos\varphi = \frac{R}{\sqrt{R^2 + \left(\frac{1}{C\,\omega}\right)^2}}.$$

Der Strom eilt der Spannung zeitlich um den ∢ φ vor

$$U = I \sqrt{R^2 + \left(\frac{1}{C\,\omega}\right)^2},$$

$$e_o = i_o \sqrt{R^2 + \left(\frac{1}{C\,\omega}\right)^2}.$$

$\frac{1}{C\,\omega}$ heißt Kapazitätsreaktanz.

Die Leistung berechnet sich zu $U\, I \cos\varphi$.

Ist R zu vernachlässigen, so wird $\varphi = 90^0$ und $I = U\, C\omega$.

4. Ohmscher Widerstand, Kapazität und Selbstinduktion. Fig. 105.

$$e = e_R + e_L + e_C = i_o\, R \sin(\omega\, t)$$
$$+ \, i_o\, \omega\, L \cos(\omega\, t) - \frac{i_o}{C\,\omega} \cos(\omega\, t),$$

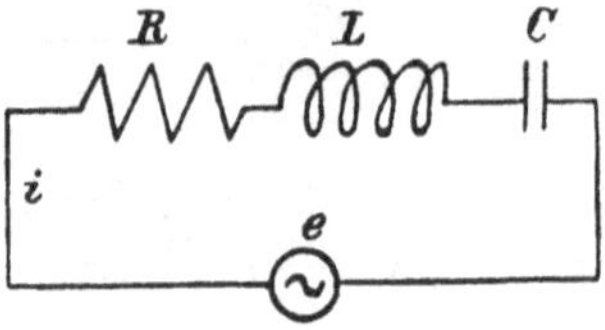

Fig. 105.

$$e = i_o \sqrt{R^2 + \left(\omega\, L - \frac{1}{C\,\omega}\right)^2} \sin(\omega\, t + \varphi),$$

$$\operatorname{tg}\varphi = \frac{\omega L - \frac{1}{C\omega}}{R},$$

$$\cos\varphi = \frac{R}{\sqrt{R^2 + \left(\omega L - \frac{1}{C\omega}\right)^2}}.$$

$$\sin\varphi = \frac{\omega L - \frac{1}{C\omega}}{\sqrt{R^2 + \left(\omega L - \frac{1}{C\omega}\right)^2}},$$

$$U = I\sqrt{R^2 + \left(\omega L - \frac{1}{C\omega}\right)^2}$$

$$e_o = i_o\sqrt{R^2 + \left(\omega L - \frac{1}{C\omega}\right)^2}.$$

Man nennt $\left(\omega L - \frac{1}{C\omega}\right)$ totale Reaktanz und

$$\sqrt{R^2 + \left(\omega L - \frac{1}{C\omega}\right)^2}$$

scheinbaren Widerstand oder Impedanz.

Ist der Wert der totalen Reaktanz und φ positiv, so eilt der Strom der Spannung nach; sind beide negativ, so eilt er vor. Für den Fall $\omega L = \frac{1}{C\omega}$ oder $\omega = \frac{1}{\sqrt{CL}}$ besteht Phasengleichheit: $\varphi = 0$. Dieser Zustand wird als Spannungsresonanz bezeichnet.

Anhang.

Maße und Gewichte von Deutschland, England und Vereinigten Staaten von Amerika.

I. Deutschland.

1 Landmeile = 7500 m.
1 geogr. Meile = 7420,44 m = 4 Seemeilen.
1 Seemeile = 1852 m.

1 Ar = 0,01 Hektar = 100 qm.
1 Quadratmeile = 5625 Hektar.

1 Pfund = 500 gr.
1 Zentner = 100 Pfund = 50 kg = 0.05 t.
1 Doppelzentner (Meterzentner) = 100 kg = 0,1 t.
1 t = 1000 kg.

1 Liter = 0,01 Hektoliter = 1000 ccm.
1 Pferdestärke = 75 mkg/s = 736 Watt.

II. England.

1 Zoll = 25,39 mm.
1 Fuß = 12 Zoll = 0,333 Yard = 0,3048 m.
1 Seemeile = 1853 m.
1 Gallon = 4,545 l
1 Barrel = 163,56 l.
1 Quarter = 64 Gallons = 512 Pints = 8 Bushels = 290,781

1 Centweight (cwt) = 112 Pfund = 50,8 kg.
1 Tonne = 1016,05 kg.

1 Pferdestärke (HP) = 76,041 mkg/s = 746 Watt.

III. Vereinigte Staaten von Amerika.

1 Meile = 1609,33 m.
1 Seemeile = 1855 m.
1 Gallon (Wein) = 4 Quarts = 8 Pints = 3,7852 l.

1 Hundred-weight = 4 Quarters = 100 Pfund = 45,359 kg.
1 Short-Ton = 2000 Pfund = 907,1853 kg.
1 Long-Ton = 2240 Pfund = 1016,0475 kg.

Als 1889

„Klopstocks Oden" als erster Band der Sammlung Göschen

erschienen, blickte die G. J. Göschen'sche Verlagshandlung bereits auf ein Jahrhundert ihres Bestehens zurück. 1785 gründete Georg Joachim Göschen den Verlag und machte ihn durch die erste vierbändige Ausgabe der Werke Goethes, die Gesamtausgabe von Wielands Schriften, Schillers Don Karlos und andere Werke der klassischen Literatur schnell berühmt. Dieser vorwärtsdrängende Geist erwies sich weiterhin lebendig, als die Entwickelung der wirtschaftlichen und technischen Zeitverhältnisse längst das Interesse der Allgemeinheit von der reinen Dichtung zum Gebrauchsbuch geführt hatte.

Der große Gedanke, die Errungenschaften der Wissenschaften, Künste und Technik in knappster Form und zu billigem Preise einem weiten Leserkreis nahezubringen, wurde erstmalig in der »Sammlung Göschen« verwirklicht. Es ist kulturhistorisch interessant, an ihrer mehr als sechzigjährigen Geschichte die Veränderung des Zeitgeistes zu beobachten, zugleich aber auch die Hebung des geistigen Niveaus der Sammlung festzustellen. Stellten sich noch die allerersten Bändchen überwiegend auf die geistigen Bedürfnisse der obersten Klassen Höherer Schulen in ihrer ausgesprochenen philologischen und historischen Ausrichtung ein, treten nach der Jahrhundertwende die exakten Wissenschaften und die praktische Meisterung technischer Probleme in den Vordergrund. Gleichzeitig mit der Hebung der Allgemeinbildung wächst auch der Kreis der Benutzer. Der Aufbau der Sammlung folgt bereitwillig den neuen Strömungen. Grundsätzlich wird nun Gehalt und Gestalt auf den an Hochschulen üblichen Lehrstoff abgestellt, so daß die »Sammlung Göschen« das beliebteste und begehrteste Rüstzeug des Studenten wird. Wenn auch die steigenden Lebenshaltungskosten eine Anpassung des Preises erzwingen, so ist gerade in Zeiten der wirtschaftlichen Not, wie sie Deutschland seit dem Zusammenbruch durchlebt, das knappe, wissenschaftlich gediegene, allgemeinverständliche, billige Buch der erwünschte Helfer für alle Vorwärtsstrebenden, seien es Studenten oder Gelehrte, Arbeiter oder Männer der Wirtschaft und Technik.

Naturwissenschaften und Technik

Mathematik

Formelsammlungen, Logarithmentafeln

Mathematische Formelsammlung	von *F. Ringleb.* 5., verbesserte Aufl. Mit 57 Fig. 274 S. 1949.	51
Formelsammlung zur praktischen Mathematik	von *G. Schulz.* Durchgesehener Neudruck. Mit 10 Abb. 147 S. 1945.	1110
Vierstellige Tafeln und Gegentafeln	für logarithmisches und trigonometrisches Rechnen in zwei Farben zusammengestellt von *H. Schubert* und *R. Haussner.* Neudruck. 1951. In Vorbereitung.	81
Fünfstellige Logarithmen	Mit mehreren graphischen Rechentafeln und häufig vorkommenden Zahlwerten. Von *A. Adler.* 2. Aufl. Neudruck. 1. Tafel. 127 S. 1949.	423

Arithmetik und Algebra

Einführung in die Zahlentheorie	von *A. Scholz.* Neudruck. 136 S. 1945.	1131
Arithmetik	von *P. B. Fischer.* 2. Aufl. Neudruck. Mit 19 Abb. 152 S. 1951. In Vorbereitung.	47
Höhere Algebra	von *H. Hasse.* I. Lineare Gleichungen. 3. Aufl. 152 S. 1951.	931
	II. Gleichungen höheren Grades. 3. Aufl. 5 Fig. 158 S. 1951.	932
Determinanten	von *P. B. Fischer.* 4. Aufl. Neudruck. 116 S. 1951. In Vorbereitung.	402

Mathematik

Gruppentheorie	von *L. Baumgartner.* 2. Aufl. Mit 6 Fig. 115 S. 1949.	837
Aufgabensammlung zur höheren Algebra	von *H. Hasse* und *W. Klobe.* 2. Aufl. 1951. In Vorbereitung.	1082
Mengenlehre	von *E. Kamke.* 3. Aufl. Mit 6 Fig. 160 S. 1951. In Vorbereitung.	999

Analysis

Elemente der Funktionentheorie	von *K. Knopp.* 3. Aufl. Mit 23 Fig. 144 S. 1949.	1109
Funktionentheorie	I: Grundlagen der allgemeinen Theorie der analytischen Funktion von *K. Knopp* Mit 8 Fig. 7. Aufl. 139 S. 1949.	668
	II: Anwendungen und Weiterführung der allgemeinen Theorie. Mit 7 Fig. 7. Aufl. 130 S. 1949.	703
Aufgabensammlung zur Funktionentheorie	I: Aufgaben zur elementaren Funktionentheorie von *K. Knopp.* 4. Aufl. 135 S. 1949.	877
	II: Aufgaben zur höheren Funktionentheorie. 4. Aufl. 151 S. 1949.	878
Gewöhnliche Differentialgleichungen	von *G. Hoheisel.* 4., neubearb. Auflage. 129 S. 1951. In Vorbereitung.	920
Partielle Differentialgleichungen	von *G. Hoheisel.* 3. Aufl. 1951. In Vorbereitung.	1003
Aufgabensammlung zu den gewöhnlichen und partiellen Differentialgleichungen	von *G. Hoheisel.* 2. Aufl. 1951. In Vorbereitung.	1059

Mathematik

Differentialrechnung	von *A. Witting*. 3., neubearb. Aufl. Mit 95 Fig. und 200 Beispielen. Durchgesehener Neudruck. 201 S. 1949.	87
Repetitorium und Aufgabensammlung zur Differentialrechnung	von *A. Witting*. 2. Aufl. Neudruck. 122 S. 1949.	146
Integralrechnung	2., verbesserte Aufl. von *A. Witting*. Durchgesehener Neudruck. Mit 62 Fig. und 190 Beispielen, 176 S. 1949.	88
Repetitorium und Aufgabensammlung zur Integralrechnung	von *A. Witting*. 2. Aufl. Neudruck. 121 S. 1949.	147
Einführung in die konforme Abbildung	von *L. Bieberbach*. 4. Aufl. Mit 42 Zeichnungen. 147 S. 1949.	768

Geometrie

Darstellende Geometrie	von *R. Haussner*. 1. Teil: Elemente, ebenflächige Gebilde 6., unveränderte Auflage. Mit 110 Fig. 207 S. 1947.	142
	2. Teil: Perspektive ebener Gebilde, Kegelschnitte. 5., unveränderte Aufl. Mit 88 Fig. 168 S. 1947.	143
Sammlung von Aufgaben und Beispielen zur analytischen Geometrie der Ebene	von *R. Haussner*. Neudruck. Mit 22 Fig. 139 S. 1949.	256
Ebene und sphärische Trigonometrie	von *H. Hessenberg*. 3., neubearbeitete Auflage, durchges. Neudruck. 1951. In Vorbereitung.	99

Differentialgeometrie	Raumkurven und Anfänge der Flächentheorie von *R. Rothe*. Neudruck. 32 Abb., 132 S. 1951. In Vorbereitung.	1113
Nichteuklidische Geometrie	von *R. Baldus*. 3. Aufl. Mit 71 Fig. 152 S. 1951. In Vorbereitung.	970

Angewandte Mathematik

Vermessungskunde	von *P. Werkmeister*. I. Stückmessung und Nivellieren 9. Aufl. Mit 145 Figuren. 172 S. 1949.	468
	II. Messung von Horizontalwinkeln. Festlegung von Punkten im Koordinatensystem. Absteckungen. 7. Aufl. Mit 63 Fig. 151 S. 1949.	469
	III. Trigonometrische und barometrische Höhenmessung. Tachymetrie und Topographie. 6. Aufl. Mit 64 Fig. 147 S. 1951. In Vorbereitung.	862
Praktisches Zahlenrechnen	von *P. Werkmeister*. 4. Aufl. Mit 60 Fig. 136 S. 1951. In Vorbereitung.	405
Versicherungsmathematik	von *F. Böhm*. I: Elemente der Versicherungsrechnung 2., vermehrte und verbesserte Auflage. Neudruck. 149 S. 1951.	180
	II: Lebensversicherungsmathematik. Einführung in die technischen Grundlagen der Sozialversicherung. 1951. In Vorbereitung.	917
Vektoralanalysis	von *S. Valentiner*. 7., wesentl. veränderte Auflage. Mit 19 Fig. 138 S. 1950.	354

Geschichte

Geschichte der Mathematik	von *J. E. Hofman.* I: Von den Anfängen bis zum Auftreten von Format und Descartes. 192 S. 1951. In Vorbereitung.	226

Physik

Physikalische Formelsammlung	von *G. Mahler.* 8., verbess. Aufl. 153 S. 1950.	136
Physikalische Aufgabensammlung	von *G. Mahler.* 7. Aufl. 128 S. 1951. In Vorbereitung.	243
Differentialgleichungen der Physik	von *E. Sauter.* 2. Aufl. Mit 16 Fig. 148 S. 1950.	1070
Einführung in die Kristalloptik	von *E. Buchwald.* 4. Aufl. 116 Fig. 134 S. 1951. In Vorbereitung.	619
Physikalisch-Chemische Rechenaufgaben	von *E. Asmus.* 2. Aufl. 96 S. 1949.	445
Vektoranalysis	von *S. Valentiner.* 7., wesentl. veränderte Auflage. Mit 19 Fig. 138 S. 1950.	354

Chemie

Allgemeine und anorganische Chemie

Geschichte der Chemie	Bd. I: Vom Altertum bis zur Entdeckung des Sauerstoffs von *G. Lockemann.* Mit 8 Abb. 143 S. 1950.	264

Chemie

Allgemeine und physikalische Chemie	von *W. Schulze*. I. Teil. 3., durchgesehene Auflage. Mit 22 Fig. 146 S. 1949.	71
	II. Teil. 3., durchgesehene Auflage. Mit 36 Fig. 160 S. 1949.	698
Physikalisch-Chemische Rechenaufgaben	von *E. Asmus*. 2. Aufl. 96 S. 1949.	445
Anorganische Chemie	von *W. Klemm*. 6. Aufl. Mit 18 Abb. 184 S. 1944.	37
Thermochemie	von *W. Roth*. 2., verbesserte Aufl. 109 S. 1947.	1057
Stöchiometrische Aufgabensammlung	mit den Ergebnissen von *W. Bahrdt* und *R. Scheer*. 5. Aufl. 1951. In Vorbereitung.	452

Organische Chemie

Organische Chemie	von *W. Schlenk*. 5. Aufl. Mit 17 Fig. 239 S. 1949.	38

Experimentelle Chemie

Analytische Chemie	von *J. Hoppe*. I: Reaktionen. 5., verbesserte Aufl. 135 S. 1950.	247
	II: Gang der qualitativen Analyse. 5., verbesserte Aufl. 168 S. 1950.	248
Maßanalyse	Theorie und Praxis der klassischen und der elektrochemischen Titrierverfahren von *G. Jander* und *K. F. Jahr*. Band 1: 6. Aufl. 140 S. 1951. In Vorbereitung.	221
	Band 2: 5. Aufl. Mit 24 Fig. 139 S. 1948.	1002

Elektrochemie

Elektrochemie und ihre physikalisch-chemischen Grundlagen	von *A. Dassler.* Bd. I: Mit 21 Abb. 149 S. 1950.	252
	Bd. II: Mit 17 Abb. 178 S. 1950.	253

Naturwissenschaften

Biologie

Hormone	von *G. Koller.* 2. Aufl. Mit 60 Abb. und 19 Tab. 187 S. 1949.	1141
Geschlecht und Geschlechtsbestimmung im Tier- und Pflanzenreich	von *M. Hartmann.* 2. Aufl. Mit 62 Abb. 155 S. 1951. In Vorbereitung.	1127
Fortpflanzung im Tier- und Pflanzenreich	von *J. Hämmerling.* 2., ergänzte Aufl. Mit 101 Abb. 135 S. 1951.	1138
Grundriß der allgemeinen Mikrobiologie	von *W. Schwartz.* Band I. Mit 17 Abb. 104 S. 1949.	1155
	Band II. Mit 12 Abb. 93 S. 1949.	1157
Symbiose der Tiere mit pflanzlichen Mikroorganismen	von *P. Buchner.* 2., verb. und vermehrte Auflage. Mit 121 Abb. 130 S. 1949.	1128

Botanik

Entwicklungsgeschichte des Pflanzenreiches	von *H. Heil.* 2. Aufl. Mit 94 Abb. und 1 Tab. 138 S. 1950.	1137
Morphologie der Pflanzen	von *L. Geitler.* 3. Aufl. 1951. In Vorbereitung.	141
Pflanzengeographie	von *L. Diels.* 4., verb. Aufl. Mit 1 Karte. 167 S. 1945.	389

Pflanzenzüchtung	von *H. Kuckuck*. 2., durchges. Aufl. Mit 12 Abb. 125 S. 1944.	1134
Die Laubhölzer	von *W. Neger* und *E. Münch*. 3., durchges. Aufl., herausgegeben von *B. Huber*. Mit 63 Fig. und 7 Tab. 142 S. 1950.	718

Zoologie

Vergleichende Physiologie der Tiere	von *K. Herter*. I: Stoff- und Energiewechsel. 3. Aufl. Mit 64 Abb. 155 S. 1950.	972
	II: Bewegung und Reizerscheinungen. 3. Aufl. Mit 110 Abb. 148 S. 1950.	973

Geologie - Mineralogie - Kristallographie

Geologie	von *H. Cloos*. 3. Aufl. 77 Abb. 144 S. 1951. In Vorbereitung.	13
Mineralogie	von *R. Brauns* und *K. F. Chudoba*. 8., neubearb. Aufl. Mit 125 Textfiguren und 9 Abb. auf einer Tafel. 143 S. 1943.	29
Petrographie	von *W. Bruhns*. 3., durchgesehene Aufl. Mit 10 Figuren. 117 S. 1949.	173
Kristallographie	von *W. Bruhns* und *P. Ramdohr*. 4. Aufl. 1951. In Vorbereitung.	210
Lötrohrprobierkunde	Mineraldiagnose mit Lötrohr und Tüpfelreaktion von *M. Henglein*. 3., verb. Aufl. Mit 11 Fig. 91 S. 1949.	483

Land- und Forstwirtschaft

Kulturtechnische Bodenverbesserungen	von *O. Fauser.* I: Allgemeines, Entwässerung 4., neubearbeitete Aufl. 122 S. 1947.	691
	II: Bewässerung, Ödlandkultur, Umlegung. 4., neubearb. Aufl. 150 S. 1948.	692
Die Laubhölzer	von *W. Neger* und *E. Münch.* 3., durchgeseh. Aufl., hsg. von *B. Huber.* Mit 63 Fig. u. 7 Tab. 142 S. 1950.	718

Ingenieurwissenschaften

Allgemeines

Technische Tabellen und Formeln	von *W. Müller.* 4., überarbeitete Aufl. von *E. Schulze.* 1951. In Vorbereitung.	579
Technische Thermodynamik	von *W. Nusselt.* I: Grundlagen. 3., verb. Aufl. Mit 71 Abb. 144 S. 1951.	1084
	II: Theorie der Wärmekraftmaschinen. Neudruck. Mit 87 Abb. u. 32 Zahlentafeln. 144 S. 1951.	1151
Festigkeitslehre	von *W. Gebler* und *W. Herberg.* I: Elastizität, Plastizität und Festigkeit der Baustoffe und Bauteile Neudruck. 1951. In Vorbereitung.	1144

Metallkunde	von *H. Borchers.* I: Aufbau der Metalle und Legierungen. Mit 2 Tab. und 90 Abb. 3. Aufl. 110 S. 1951.	432
	II: Eigenschaften, Grundzüge der Form und Zustandsgebung. 2. Aufl. Mit 8 Tab., 100 Abb. 154 S. 1951. In Vorbereitung.	433
Technische Schwingungslehre	von *L. Zipperer.* Bd. I. 2. Aufl. 1951. In Vorbereitung.	953

Maschinenbau

Die Maschinenelemente	von *E. vom Ende.* 2., verbesserte Aufl. Mit 175 Fig. und 12 Taf. 159 S. 1950.	3
Das Maschinenzeichnen mit Einführung in das Konstruieren	von *W. Tochtermann.* I: Das Maschinenzeichnen. 4. Aufl. Mit 77 Tafeln. 156 S. 1950.	589
	II: Ausgeführte Konstruktionsbeispiele. 4. Aufl. Mit 58 Tafeln. 130 S. 1950.	590
Die Dampfkessel und Feuerungen einschließlich Hilfseinrichtungen	in Theorie. Konstruktion und Berechnung. von *W. Marcard*, neubearb. von *K. Beck.* I: Die theoretischen Grundlagen. Wärme, Verbrennung, Wärmeübertragung. Mit 42 Abb. und 16 Tab. 150 S. 1951. In Vorbereitung.	9
	II: Dampfkessel. Mit 53 Abb. und mehreren Tab. 2. Aufl. 138 S. 1951. In Vorbereitung.	521
Gießereitechnik	von *H. Jungbluth.* I. Teil: Eisengießerei. Mit zahlreichen Abb. 136 S. 1951. In Vorbereitung.	1159
Autogenes Schweißen und Schneiden	von *H. Niese.* 5. Aufl., neubearb. von *A. Küchler.* Mit 71 Fig. 136 S. 1951. In Vorbereitung.	499

Hoch- und Tiefbau

Die wichtigsten Baustoffe des Hoch- und Tiefbaues	von O. *Graf*. 3., verb. Aufl. Mit 58 Abb. 126 S. 1947.	984
Baustoffverarbeitung und Baustellenprüfung des Betons	von *A. Kleinlogel*. Mit 35 Abb. 126 S. 1950.	970
Grundlagen des Stahlbetonbaues	von *A. Troche*. 2. Aufl. 1951. In Vorbereitung.	1078
Fenster, Türen, Tore aus Holz und Eisen	von *W. Wickop*. 3., überarbeitete und ergänzte Aufl. Mit 96 Abb. 154 S. 1949.	1092

Elektrotechnik

Die Gleichstrommaschine	von *K. Humburg*. I: Durchgesehener Neudruck. Mit 59 Abb. 102 S. 1949.	257
	II: Durchgesehener Neudruck. Mit 38 Abb. 98 S. 1949.	881
Die synchrone Maschine	von *K. Humburg*. Mit 79 Bildern. 109 S. 1950.	1146
Transformatoren	von *W. Schäfer*. 2. Aufl. Mit 74 Abb. 128 S. 1949.	952
Die komplexe Berechnung von Wechselstromschaltungen	von *H.-H. Meinke*. Mit 114 Abb. 160 S. 1949.	1156
Theoretische Grundlagen zur Berechnung der Schaltgeräte	von *F. Kesselring*. 3. Aufl. Mit 92 Abb. 143 S. 1950.	711
Elektromotorische Antriebe	(Grundlagen für die Berechnung) von *A. Schwaiger*. 3. Aufl. 32 Abb. 102 S. 1951.	827

Überspannungen und Überspannungsschutz	von *G. Frühauf.* Neudruck. Mit 98 Abb. 122 S. 1951.	1132

Wasserbau

Verkehrswasserbau	von *H. Dehnert.* I: Entwurfsgrundlagen. Flußregelungen Mit 52 Textabb. 102 S. 1950.	585
	II: Flußkanalisierungen und Schiffahrtskanäle. Mit 60 Textabb. 92 S. 1950.	597
	III. Schleusen und Hebewerke. Mit 70 Textabb. 98 S. 1950.	1152

Technologie

Warenkunde	von *K. Hassak* und *E. Beutel.* Bd. I: Anorganische Waren sowie Kohle und Erdöl. Mit 19 Fig. 116 S. 1947.	222
	Bd. II: Organische Waren. Mit 32 Fig. 143 S. 1949.	223
Die Fette und Öle	von *K. Braun.* 5. Aufl. Vollständig neubearb. und verbess. von *Th. Klug.* 142 S. 1950.	335

Unsere Verlagsgebiete

Theologie · Religionswissenschaft · Philosophie · Psychologie · Pädagogik · Geschichte · Soziologie · Rechts- und Staatswissenschaften · Volkswirtschaft · Handelswissenschaft · Biographien · Schachliteratur · Kulturgeschichte · Vorgeschichte · Archäologie · Literaturwissenschaft · Sprachwissenschaft · Orientalistik · Kunst · Musik · Mathematik · Astronomie · Physik · Chemie · Geologie · Mineralogie · Biologie · Botanik · Zoologie · Erd- und Völkerkunde · Medizin · Psychiatrie · Hygiene · Tierheilkunde · Pharmazie · Technik · Bauwesen · Berg- und Hüttenwesen · Technologie · Land- und Forstwirtschaft.

*

Der »Verlagskatalog 1749–1949« enthält alle Werke und Zeitschriften unserer Verlage, die noch lieferbar sind. Über die laufende Produktion unterrichten die Auswahlkataloge »Für Studium und Praxis«. Sie liegen für die Gebiete Mathematik – Naturwissenschaften – Rechtswissenschaften – Theologie – Medizin vor, weitere folgen für die anderen Disziplinen.

Prospekte für alle Neuerscheinungen stehen jederzeit zur Verfügung.

Druck: Brüder Hartmann, Berlin. 4. 51. 80 000

FSC
www.fsc.org
MIX
Papier | Fördert gute Waldnutzung
FSC® C083411

Kolibri 360 GmbH
Ferdinand-Jühlke-Straße 7
99095 Erfurt, Deutschland
produktsicherheit@kolibri360.de